西沙群岛鸟类多样性研究

张洪茂 简曙光 主编

李映灿 彭 超 彭丽清 副主编

中国林业出版社
CFPH China Forestry Publishing House

图书在版编目（CIP）数据

西沙群岛鸟类多样性研究 / 张洪茂、简曙光 主编 . -- 北京 : 中国林业出版社 , 2021.12

ISBN 978-7-5219-1481-8

Ⅰ . ①西… Ⅱ . ①张… ②简… Ⅲ . ①西沙群岛—鸟类—生物多样性—研究 Ⅳ . ① Q959.7

中国版本图书馆 CIP 数据核字 (2022) 第 011901 号

西沙群岛鸟类多样性研究　　张洪茂　简曙光 主编

出版发行：中国林业出版社
地　　址：北京西城区德胜门内大街刘海胡同 7 号

责任编辑：刘开运　郑雨馨　吴文静　王佑芬

策划编辑：王　斌　　装帧设计：百彤文化传播公司

印 刷：北京雅昌艺术印刷有限公司
开 本：710mm × 1000mm　1/16
印 张：11.5
字 数：280 千字
版 次：2022 年 3 月第 1 版第 1 次
定 价：108.00 元 (USD20)

内容简介

本书基于2018–2020年的科考资料，系统地介绍了中国西沙群岛鸟类多样性，主要种类的形态、习性、分布及保护现状，鸟类群落物种多样性现状及变化，以及“鸟－生境”的相互关系，并提出了西沙群岛鸟类保护的建议。

本书不仅可以作为研究海岛生态系统的结构和功能维持机制的案例，也可以为西沙群岛鸟类资源保护、管理、科普教育和科学研究提供基础资料。

本书适合从事岛屿生态系统基础生物学研究、岛屿生态恢复、保护和管理、科普教育以及区域性鸟类资源研究与保护的工作者阅读。

鸟类生境－湿地－东岛

鸟类生境 – 滩涂 – 中建岛

序

岛屿是海洋生态系统的重要组成部分，在海洋生态保护和资源利用中具有重要的作用。由于地理隔离和面积狭小，海洋岛屿生态系统通常具有生境单一、物种多样性低、结构简单和极度脆弱等特点。随着人为活动的增加和气候变化的影响，全球许多海岛生态系统都面临着植被退化、外来物种入侵、本土物种快速灭绝、生态系统服务功能衰退等问题，亟待科学有效的保护。由于远离大陆、条件恶劣，多数岛屿均缺乏系统的、长期的生物多样性监测数据，基础资料缺失已成为海洋岛屿生态系统保护的瓶颈问题。

西沙群岛位于中国南海中西部，扼守南海门户，自古以来为中国的神圣领土，在领海主权、战略地位、区域经济发展、海洋生态保护和构建生态宜居岛屿等方面均具有十分重要的意义。作为鸟类的重要栖息地和候鸟迁徙中转站，西沙群岛在鸟类保护中亦具有重要意义。南海岛礁生态系统是全国性生物多样性保护关键区之一。作为高度脆弱的生态系统，在人类活动及全球变暖的双重影响下，西沙群岛也面临着日趋严重的生境退化、物种多样性减少和外来物种入侵问题，生态保护与生态修复迫在眉睫。自 1940 年以来，已有一些关于西沙群岛的植物、鱼类、浮游生物、底栖动物、鸟类多样性等的研究报道，其中有关植物的研究相对较多，但依旧缺乏系统的、长期的观测数据。

在 NSFC- 广东联合基金重点支持项目（No. U1701246）和中国科学院南海生态环境工程创新研究院自主部署项目（No. ISEE2021ZD04）的支持下，依据 2018–2020 年的科学考察数据，张洪茂教授、简曙光研究员合作编写了《西沙群岛鸟类多样性研究》一书。该书基于 3 年多的野外考察，结合文献资料，整理出了西沙群岛迄今为止最完整的鸟类名录；简要介绍了各种鸟类的形态、习性、分布、保护现状及影响因素；分析了鸟类群落多样性组成、结构及其变化；研究了“鸟 – 生境”相互关系；评估了各类型生境对鸟类多样性维持的相对重要性等。作为第一本关于西沙群岛鸟类多样性研究的专著，融科学研究与科普教育为一体、内容丰富、图文并茂。本书可以为西沙群岛乃至整个南海鸟类资源保护管理、科学普及和科学研究提供基础资料，也可以作为其他海洋岛屿生态系统鸟类资源研究的参考。我从事海岛植被生态系统保护与恢复工作多年，工作过程中深感鸟类对植被生态系统的重要性。我相信，《西沙群岛鸟类多样性研究》的出版，可以为西沙群岛和南海诸岛的生物多样性保护和修复提供重要参考，也会为关注南海生态保护和生态建设的读者提供飨食。

任海

中国科学院华南植物园主任、研究员

2021 年 7 月

前言

由于远离大陆、面积狭小和空间隔离，海洋岛屿生态系统通常生境单一、物种稀少，生态极其脆弱。随着人类干扰、外来物种入侵、气候变暖等加剧，海洋岛屿生态系统正面临前所未有的生态退化和生物多样性丧失。许多鸟类利用海洋岛屿作为栖息地和迁徙中转站，由此成为海岛生态系统健康的重要指示。研究鸟类多样性，可以为深入了解岛屿生态系统结构与功能维持机制、生态修复与保护等提供基础资料。

西沙群岛位于中国南海中西部，海南岛东南方，扼守南海门户，自古以来为中国的神圣领土，其战略、经济和社会地位十分重要。西沙群岛由三十多座岛礁组成，为鸟类的重要栖息地和迁徙中转站，社会、生态及经济价值不可估量。在人类活动及全球变暖的双重压力下，生境退化和外来物种入侵日趋严重，生态恢复和保护迫在眉睫。

由于地理位置特殊，西沙群岛的鸟类多样性一直缺乏系统调查。1928 年 5 月，中山大学学者首次对西沙群岛进行科学考察，并采集到鸟类标本数件；1930 年 Delacour 和 Jabouile 报道了红脚鲣鸟（*Sula sula*）在永兴岛和东岛繁殖；1974 年中国科学院北京动物研究所等单位首次对西沙群岛的鸟类进行了较全面地调查，共记录 10 目 21 科 43 种；2005 年潘永良报道西沙群岛鸟类 11 目 21 科 55 种。之后再无系统的调查研究。基础资料的缺失已成为西沙群岛生态保护的重要限制因素。

本书立足于 2018–2020 年的野外考察所获得的大量资料，结合历史数据，整理出西沙群岛鸟类名录 13 目 28 科 111 种；系统地介绍了各种鸟类的形态、习性、分布、保护现状及影响因素；分析了鸟类群落多样性组成、结构及其变化，以及“鸟 – 生境”相互关系等。本书可以作为研究海岛生态系统的结构和功能维持机制的案例，也可以为西沙群岛鸟类资源保护、管理、科普教育和科学研究提供基础资料。

本书共分 5 部分。第 1 部分“西沙群岛区域概况”由简曙光、李映灿、张洪茂完成；第 2 部分“西沙群岛鸟类资源概况”、第 3 部分“鸟类生态学研究”由李映灿、张洪茂、彭超完成；第 4 部分“西沙群岛鸟类保护建议”由张洪茂、李映灿、简曙光完成；第 5 部分“鸟类分类及种类介绍”由李映灿、彭超、张洪茂、彭丽清完成。全书由张洪茂、简曙光统稿。黄广传、陈治文参与了野外考察，牛红玉、彭丽清、刘勤、赵恒月参与了数据整理和分析。

朱兆泉、周权、赵冬冬、胡珂、王海燕、刘阳、白煜、简廷谋、李全江、颜军等提供了赤颈鸭、小鸦鹃、大鹰鹃、噪鹃、凤头麦鸡、虎纹伯劳、草鹭、鹤鹬、丘鹬、剑鸻、灰翅浮鸥、山鹡鸰、鹰鸮等照片。白斑军舰鸟使用了网络照片截图，请作者联系我们，我们将向您致歉并支付稿酬。

本书出版和野外考察得到了 NSFC- 广东联合基金重点支持项目（No. U1701246）和中国科学院南海生态环境工程创新研究院自主部署项目（No. ISEE2021ZD04）的支持。

在此衷心感谢国家自然科学基金委员会、华中师范大学、中国科学院华南植物园、中国科学院南海海洋研究所、三沙市人民政府及各级单位等对该项目的支持！感谢中国科学院华南植物园任海主任对该项目的支持和为本书作序！感谢华中师范大学黄双全教授对项目的指导！感谢中山大学刘阳博士对全书进行了审定！感谢江西师范大学廖金宝研究员、华东师范大学斯幸峰研究员、华中师范大学熊英泽博士等对数据分析、论文撰写等的指导！感谢中国科学院华南植物园刘占峰研究员、刘楠研究员、王向平助理研究员，以及蔡洪月、黄耀、童升洪、饶鑫等博（硕）士研究生对野外考察的帮助！感谢中国科学院南海海洋研究所霍达老师等对野外考察的帮助！感谢 BMC Ecology and Evolution、生态学报等杂志出版单位在图表版权使用上的支持！

受一手考察资料和作者水平所限，不足之处在所难免，敬请读者批评指正。

张洪茂

2021 年 7 月　武汉桂子山

目录

---

*依据郑光美《中国鸟类分类与分布名录》（第三版）

美丽的西沙群岛

1 西沙群岛区域概况

1.1 地理位置

西沙群岛是分布于中国南海大陆斜坡上的一群热带海洋珊瑚岛礁，位于南海的西北部，海南岛东南部，地理位置为北纬15°46′~17°08′，东经111°11′~112°54′，古称“千里长沙”“九乳螺洲（石）”等，海域面积约50万km^2，陆地面积约7.97 km^2，包括30多个岛屿（含礁、滩和沙洲）。西沙群岛由两座群岛组成，包括位于东北部的宣德群岛和位于西南部的永乐群岛。宣德群岛包括永兴岛、石岛、赵述岛、北岛、中岛、南岛、西沙洲、北沙洲、中沙洲、南沙洲、东岛、高尖石、银砾滩、先驱礁、浪花礁等；永乐群岛包括中建岛、金银岛、琛航岛、广金岛、晋卿岛、羚羊礁、甘泉岛、珊瑚岛、鸭公岛、银屿、石屿、全富岛、盘石屿等岛屿及沙洲。西沙群岛中，面积最大的为永兴岛（约3.0 km^2），为三沙市市政府所在地，其次为东岛（约1.7 km^2）和中建岛（约1.5 km^2），其余各岛面积均在0.5 km^2以下。

美丽的西沙群岛

琛航岛裸礁

1.2 气候条件

西沙群岛属于热带海洋性季风气候，年均气温 26 ℃，4 ~ 9 月气温较高，6 月平均气温达到 28.9 ℃，10 月至翌年 3 月气温较低，1 月平均气温 22.9 ℃。年均降水量约 1400 mm，6 ~ 11 月为雨季，降水量占全年的 87 %，12 月至翌年 5 月为旱季，2 月降水最少，仅为 10 mm，干湿季分明（陈史坚，1982；林熙 等，1999）。西沙群岛气候湿润，年均蒸发量达 2400 mm，各月蒸发量均可达到 170 mm 以上。西沙群岛旱季主要受东北季风影响，盛行东北气流；雨季主要受赤道气流和印度洋季风影响，盛行西南气流，多发台风与暴雨。

1.3 地质地貌

西沙群岛是由珊瑚和贝壳类骨骼残体依附在海底基质上经过多次的地壳上升和下降活动逐步升出海面而形成的海岛。除石岛的海拔为 12.5 m 外，西沙群岛其余各岛的海拔均在 10 m 以下，中建岛是刚刚升出海面不久的一个岛，高潮时大部分为海水所淹没。除面积较小的岛屿外，西沙群岛几乎所有岛屿的地形都为东北到西南延长的长椭圆形碟状盆地，这一地形很大程度上与南海中每年盛行的东北和西南强大季风与海流相配合而形成的堆积有关。另外，台风对西沙群岛的面积和地形有较大的影响，强大的台风可以使岛的面积急剧增加或缩小，同时造成岛上地貌形成有较大的起伏。

1.4 土壤类型

西沙群岛的成土母质比较简单，除高尖石的成土母质是火山岩之外，其余各岛屿均由珊瑚和贝壳类骨骼残体、碎沙所组成。这类土壤在成土过程中没有产生次生黏土和硅等矿物，缺乏铁和铝，富含钙和磷，土壤 pH8.0 ~ 9.5，全剖面均有较强的石灰反应。土壤可分为两类：一类是林下的土壤，由珊瑚砂、鸟粪和植物残落物所组成，有机质丰富，称为磷质石灰土，这类土壤面积最大；另一类是单纯的冲积珊瑚砂（或滨海盐土），植被稀少，主要分布于海岛沿岸。这两种土壤机械组成均以砂粒为主，缺乏黏粒和硅。

1.5 植被

西沙群岛的植被区系与中国海南岛、台湾岛及邻近国家类似，属于古热带植物区的马来西亚亚区，但由于其特殊的地理位置、土壤结构等因素的影响，西沙群岛的植被结构较大陆简单，共记录有陆生维管植物 396 种，其中原生植物 220 种，栽培植物 176 种（广东省植物研究所西沙群岛植物调查队，1977；童毅 等，2013；任海 等，2017；王清隆等，2019）。岛屿原生植物普遍具有多种特殊的耐热、耐旱或抗盐碱等生理适应机制：厚叶片可以储存较多的水分；低的比叶面积和气孔密度能够减少水分的蒸发消耗（Shipley *et al.* 2010；徐贝贝 等，2018；黄静 等，2019；）；作为渗透保护剂的脯氨酸含量较高，能够保护细胞结构免受高温干旱及盐雾带来的高浓度盐的渗透胁迫（汤章程，1984；蔡洪月等，2020）；强的营养吸收利用能力能够在极为贫瘠的土壤汲取所需的营养物质；稀疏的枝条，低密度的木质部，不发达的机械组织，发达的枝干内贮水薄壁组织，较大的髓腔，使得枝干脆弱易折断，能够有效防止台风将整株植物连根拔起（王馨慧 等，2017；徐贝贝 等，

2018；黄静 等，2019；蔡洪月 等，2020）。

西沙群岛各岛屿气候与土壤类似，植被类型总体相似，但受到岛屿面积、自然条件的影响，各岛屿的优势植物种群分布与数量差异较大。西沙群岛的自然植被可以分为森林（珊瑚岛热带常绿乔木群落）、灌丛（珊瑚岛热带常绿灌木群落）、草地（珊瑚岛热带藤草群落）和湖沼植被。不同类型的植被在面积较大的岛屿上具有一定的分布规律，通常岛屿中心为以抗风桐（*Pisonia grandis*）、海岸桐（*Guettarda speciosa*）等为优势物种的高大乔木林，森林外侧为草海桐（*Scaevola taccada*）、银毛树（*Messerschmidia argentea*）、海滨木巴戟（*Morinda citrifolia*）等组成的低矮灌丛，最外侧沿海岸分布着由细穗草（*Lepturus repens*）、海刀豆（*Canavalia maritima*）、厚藤（*Ipomoea pes-caprae*）等组成的藤草群落。通常来说，岛屿面积越大，植物群落类型越丰富，乔木群落的占比越高；岛屿面积越小，植物群落类型越贫乏，以灌木、草本、藤本为主的群落的面积占比越大。西沙群岛的植被分布特征主要有：①植被类型较单调，以灌木植被为主，群落结构简单，优势种突出；②植被受人为干扰及台风影响大，植被覆盖率呈下降趋势；③原生植物种类少，人为引种栽培植物比例大，原生植被比例下降，外来入侵种增多，危害加剧；④植被分布呈一定环带状分布。

根据近期调查结果（简曙光等，待发表），西沙群岛的植被共划分有 3 个植被型，22 个植被类型（其中天然植被 18 个，人工植被 4 个），属于森林类型的统一称“……林”，其他类型则称“群落”。具体植被类型如下：

1.5.1 天然植被

1.5.1.1 珊瑚岛常绿乔木植被

（1）抗风桐林 Comm. *Pisonia grandis*

（2）红厚壳林 Comm. *Calophyllum inophyllum*

（3）海岸桐林 Comm. *Guettarda speciosa*

（4）橙花破布木林 Comm. *Cordia subcordata*

（5）抗风桐 + 海岸桐 + 橙花破布木林 Comm. *Pisonia grandis* + *Guettarda speciosa* + *Cordia subcordata*

1.5.1.2 珊瑚岛常绿灌木植被

（6）草海桐群落 Comm. *Scaevloa sericea*

（7）银毛树群落 Comm. *Messerschmidia argentea*

（8）草海桐 + 银毛树群落 Comm. *Scaevola taccada*+ *Messerschmidia argentea*

（9）苦郎树群落 Comm. *Clerodendrum inerme*

（10）海人树群落 Comm. *Suriana maritima*

（11）水芫花群落 Comm. *Pemphis acidula*

（12）伞序臭黄荆群落 Comm. *Premna corymbosa*

（13）海滨木巴戟群落 Comm. *Morinda citrifolia*

（14）南蛇簕群落 Comm. *Caesalpinia minax*

1.5.1.3 珊瑚岛草本沙生植被

（15）羽芒菊 + 马齿苋群落 Comm. *Tridax procumbens* + *Portulaca oleracea*

（16）铺地刺蒴麻 + 细穗草群落 Comm. *Triumfetta procumbens* + *Lepturus repens*

（17）厚藤 + 细穗草群落 Comm. *Ipomoea pes-caprae* + *Lepturus repens*

（18）海马齿群落 Comm. *Sesuvium portulacastrum*

1.5.2 人工植被

（19）木麻黄林 Comm. *Casuarina equisetifolia*

（20）椰树林 Comm. *Cocos nucifera*

（21）银合欢林 Comm. *Leucaena leucocephala*

（22）榄仁树林 Comm. *Terminalia catappa*

西沙群岛现有自然植被中，乔木植被最常见的为抗风桐林（约占总植被的 5%），其次为海岸桐林，灌木植被中最常见的为草海桐群落（约占总植被的 80%），其次为银毛树群落，藤草植被中最常见的为厚藤 + 细穗草群落。

西沙群岛栽培植被主要有人工栽培的木麻黄防护林和椰树林，另外有狗牙根（*Cynodon dactylon*）草坪和其他园林绿化植物【垂叶榕（*Ficus benjamina*）、小叶榄仁（*Terminalia neotaliala*）等】和果蔬【番木瓜（*Carica papaya*）、杧果（*Mangifera indica*）、番茄（*Lycopersicon esculentum*）、辣椒（*Capsicum annuum*）等】。

西沙群岛多数岛屿还有一些外来入侵植物，最常见的有飞机草（*Eupatorium odoratum*）、羽芒菊（*Tridax procumbens*）、飞扬草（*Euphorbia hirta*）、南美蟛蜞菊（*Wedelia trilobata*）、含羞草（*Mimosa pudica*）和孪花蟛蜞菊（*Wedelia biflora*）、无根藤（*Cassytha filiformis*）等本地有害植物。这些植物对西沙群岛原生植被造成了很大威胁，已严重影响原生植被的生长、更新、群落结构与功能，以及地下生物群落，是造成西沙群岛植被退化的重要影响因素，需要加强监测与及时防控。

抗风桐林 – 东岛

海岸桐林 – 东岛

草海桐群落 – 金银岛

银毛树群落 – 中建岛

厚藤－细穗草群落－永兴岛

栽培植被－椰树林－金银岛

海刀豆群落－永兴岛

栽培植被－木麻黄林－中建岛

入侵植物 – 飞机草 – 永兴岛

有害植物 – 无根藤 – 永兴岛

退化植被 – 永兴岛

有害植物 – 孪花蟛蜞菊 – 永兴岛

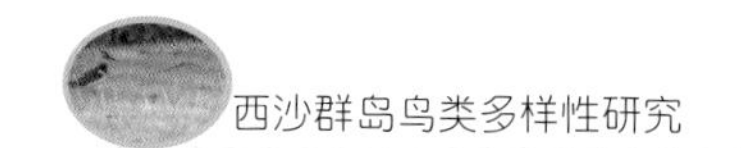

森林主要分布在面积较大的岛屿中部，根据其优势物种的差异主要可以分为：①抗风桐林（Comm. *Pisonia grandis*），以抗风桐为单优种，每公顷约 800 株，高度 8.0 ~ 10.0 m，郁闭度约 80 %，主要分布在永兴岛、东岛、金银岛和琛航岛；②海岸桐林（Comm. *Guettarda speciosa*），以海岸桐为单优种，每公顷约 300 株，高度 4.0 ~ 7.0 m，郁闭度约 70 %，主要分布在永兴岛、东岛、金银岛和甘泉岛；③橙花破布木林（Comm. *Cordia subcordata*）；以橙花破布木为单优种，高度约 5.0 m，主要分布在永兴岛；④红厚壳林（Comm. *Calophyllum inophyllum*），以红厚壳为单优种，高度约 10.0 m，主要分布在晋卿岛和金银岛。抗风桐林和海岸桐林面积最大，分布最广。

抗风桐林 — 东岛

草海桐、银毛树灌丛－东岛

灌丛广泛分布于所有具有植被的岛屿上，往往沿海岸高潮线以上的沙滩分布，在部分面积较小的岛屿上几乎全岛覆盖。主要包括：①草海桐群落（Comm. *Scaevola taccada*），以草海桐为优势种，高度 1.5 ~ 2.5 m，常混有少量银毛树和海岸桐，分布在各岛海岸边，在南岛、北岛、中岛、赵述岛、广金岛等面积较小的岛屿上几乎全岛覆盖；②银毛树群落（Comm. *Messerschmidia argentea*），以银毛树为优势种，高度 1.0 ~ 2.5 m，常与草海桐群落混生，常混有海滨木巴戟和海岸桐，分布在各岛沿海岸高潮线以上的沙滩上；③水芫花群落（Comm. *Pemphis acidula*），以水芫花为单优种，高度约 0.7 m，在东岛有大片分布，少量分布于广金岛、赵述岛、琛航岛、晋卿岛、金银岛和西沙洲；④苦郎树群落（Comm. *Clerodendrum inerme*），以苦郎树为单优种，高度 1.0 ~ 1.5 m，偶尔混有草海桐或海岸桐，主要分布于甘泉岛，在珊瑚岛等岛屿有零星分布；⑤南蛇簕群落（Comm. *Caesalpinia minax*），以南蛇簕为单优种，高度 1.0 ~ 1.5 m，主要分布于金银岛，少量分布于琛航岛和赵述岛等岛屿；⑥伞序臭黄荆群落（Comm. *Premna corymbosa*），以伞序臭黄荆为单优种，高度 1.0 ~ 2.5 m，偶尔混有海滨木巴戟、海岸桐或银毛树等，主要分布在东岛；⑦海人树群落（Comm. *Suriana maritima*），以海人树为单优种，高度 1.0 ~ 1.5 m，主要分布在东岛，少量分布在永兴岛、广金岛、北岛和南岛等岛屿；⑧露兜簕群落（Comm. *Pandanus tectorius*），零星分布于永兴岛、赵述岛、甘泉岛、珊瑚岛和广金岛。

草地广泛分布于所有具有植被的岛屿上，通常不连续分布于各岛高潮线以上的沙堤上和沙堤内侧，也分布在反复受到人为干扰的岛内空旷地带。根据任海等（2017）的研究，西沙群岛草本群落主要包括：①蒭雷草 + 盐地鼠尾粟 + 沟叶结缕草群落（Comm. *Thuarea involute* + *Sporobolus virginicus* + *Zoysia matrella*），分布在海岸高潮线以上的海滩上，其内侧常为常绿灌木或厚藤群落，广泛分布于永兴岛、东岛、北岛、珊瑚岛、甘泉岛等多个岛屿；②厚藤 + 海刀豆群落（Comm. *Ipomoea pes-caprae* + *Canavalia maritima*）或厚藤 + 细穗草群落（Comm. *Ipomoea pes-caprae* + *Lepturus repens*），为不连续群落片断，广泛分布于各岛特大高潮线以上的沙堤，其外侧为蒭雷草 + 盐地鼠尾粟 + 沟叶结缕草群落，内侧多为乔木群落或灌木群落；③鲫鱼草 + 羽芒菊 + 马齿苋群落（Comm. *Eragrostis tenella* + *Tridax procumbens* + *Portulaca oleracea*），广泛分布于各岛屿沙堤内侧和反复受到人为干扰的岛内空旷地带，混有多种草本植物，是受反复人为干扰后形成的，可以自然演替形成灌木群落或乔木群落。④海马齿群落（Comm. *Sesuvium portulacastrum*），分布于琛航岛及东岛中部的一个小湖边缘的沙滩上，地势低洼，暴雨时湖水能将整个群落淹于水中，久旱时湖水下降距群落很远。草木群落的划分与最近的调查有一定差异。

草地 – 东岛

湿地－东岛

湖沼植被仅分布于东岛、琛航岛等面积较大的岛屿。主要包括：川蔓藻＋草茨藻群落（Comm. *Ruppia maritima* + *Najas graminea*）和羽状穗砖子苗＋长叶雀稗群落（Comm. *Cyperus javanicus* + *Paspalum longifolium*）。

1.6 动物资源

西沙群岛海域孕育了丰富的动物资源。中国有海洋鱼类超过1500种，大多数鱼类在西沙群岛海域均有分布，具有极高的经济价值。王雪辉等2003年5月在西沙群岛7座主要岛礁（北礁、华光礁、金银岛、东岛、浪花礁、玉琢礁和永兴岛）进行了鱼类调查，共记录了鱼类10目31科146种（王雪辉 等，2011）。各主要岛礁的鱼类以典型的热带种类为主，如鹦嘴鱼科、蝴蝶鱼科、笛鲷科等珊瑚礁鱼类；白边锯鳞鳂（*Myripristis murdjan*）、四带笛鲷（*Lutjanus kasmira*）、灰若梅鲷（*Paracaesio sordidus*）、双带梅鲷（*Caesio diagramma*）、单板盾尾鱼（*Axinurus thynnoides*）和灰六鳃鲨（*Hexanchus griseus*）为主要优势种；永乐群岛群落和宣德群岛群落鱼类组成的差异显著，群落格局较为稳定。潘永良（2005）报道西沙群岛有鸟类11目21科55种，多数为候鸟，东岛栖息有约35500对红脚鲣鸟（*Sula sula*）繁殖种群（曹垒，2005）。王琰等（2014）报道西沙群岛有臭鼩(*Suncus murinus*)、褐家鼠(*Rattus norvegicus*)、黄胸鼠(*R. flavipectus*)、缅鼠(*R. exulans*)等哺乳动物。西沙群岛亦为众多海龟、贝类、甲壳类动物的繁殖场，中华白海豚（*Sousa chinensis*）、斑海豹（*Phoca largha*）等海洋哺乳动物亦时有出没。吴钟解等（2010）2007年4月对永兴岛、石岛、西沙洲、赵述岛和北岛5个生态监控区的浮游生物进行了抽样调查，共记录浮游植物50属117种，红海束毛藻(*Trichodesmium erythraeum*)为第一优势种。此外西沙群岛还有腹足类25科41属53种、双壳类9科13属13种、多毛类183种以及昆虫107种（章士美 等，1985；潘华璋，1998）。

随着人类活动的加剧，牛、羊、家猫、家犬、家鸡等被带入，对岛礁生态系统造成了一定影响，需要加强监测和管制。

野化了的牛群－东岛

鹭群－东岛

2 西沙群岛鸟类资源概况

2.1 物种组成

2018 2020年，利用样线法对西沙群岛的15个岛屿的鸟类物种与分布进行了24次实地调查。其中，对永兴岛和石岛分别于旱季（2018年4月、2019年4月）和雨季（2019年8月、2019年11月、2020年9月）进行了5次重复调查；对东岛分别于旱季（2018年5月、2019年4月）和雨季（2018年10月、2019年11月、2020年9月）进行了5次重复调查；对晋卿岛和鸭公岛于雨季（2019年11月、2020年9月）进行了2次重复调查；对赵述岛分别于旱季（2018年5月）和雨季（2020年9月）进行了2次重复调查；对中建岛、琛航岛、广金岛、珊瑚岛、羚羊礁、金银岛、甘泉岛、银屿、全富岛于雨季（2020年9月）进行了1次调查。

实地考察时，根据鸟类栖息生境类型（森林、灌丛、草地、沙滩、半咸水湿地）和岛屿面积选取样线，每条样线长800～1200 m，宽50～80 m，面积0.040～0.096 km^2。样线调查时，在鸟类分布相对集中的地方（水塘、森林、草地等）设置定点观察样点，各样线选取3～5个定点观察样点，样点间距离在100 m以上，以避免重复记录，利用GPS定位样线、样点位置。根据《中国鸟类野外手册》进行物种鉴定（中国环境与发展国际合作委员会生物多样性工作组，2000），根据《中国鸟类分类与分布名录》（第三版）确定物种编目和居留型（郑光美，2017），根据《中国动物地理》确定物种区系（张荣祖，2011）。

鸟类生境－森林－东岛

结合实地调查和文献资料，共记录西沙群岛鸟类 16 目 35 科 111 种 (西沙群岛鸟类名录)。本次实地调查共记录到鸟类 28327 只（不含红脚鲣鸟），隶属于 13 目 28 科 77 种。雀形目物种数最多，为 24 种，占比 31.17 %；鸻形目次之，为 23 种，占比 29.87 %。不同岛屿中，东岛物种数最多，有 58 种，占比 75.32 %；永兴岛有 37 种，占比 48.05 %；中建岛有 18 种，占比 23.38 % ；晋卿岛有 15 种，占比 19.48 %；琛航岛和广金岛各有 13 种，分别占比 16.88 %；珊瑚岛有 12 种，占比 15.58 %；甘泉岛有 11 种，占比 12.28 %；金银岛有 10 种，占比 12.99 %；羚羊礁有 9 种，占比 11.69 %；赵述岛有 7 种，占比 9.09 %；银屿有 6 种，占比 7.79 %；鸭公岛有 5 种，占比 6.49 %；全富岛有 1 种，占比 1.30 %。

鸟类生境－灌草丛－赵述岛

鸟类生境－草地－东岛

鸟类生境－湿地－东岛

鸟类生境－沙滩－晋卿岛

调查中发现西沙群岛有国家二级保护动物 8 种，分别为：小鸦鹃（*Centropus bengalensis*）、翻石鹬（*Arenaria interpres*）、黑腹军舰鸟（*Fregata mintor*）、白斑军舰鸟（*Fregata ariel*）、红隼（*Falco tinnunculus*）、鹗（*Pandion haliaetus*）、鹰鸮（*Ninox scutulata*）和红脚鲣鸟；国家保护的有重要生态、科学、社会价值的陆生野生动物 71 种（简称三有动物）；海南省重点保护野生动物 44 种；有世界自然保护联盟（IUCN）濒危物种红色名录（2020）近危（NT）物种 2 种，即凤头麦鸡（*Vanellus vanellus*）和灰尾漂鹬（*Tringa brevipes*）。

在居留型上，冬候鸟物种数最高，为 35 种，占比 45.45 %；留鸟 28 种，占比 36.36 %；旅鸟 7 种，占比 9.09 %；夏候鸟 5 种，占比 6.49 %；迷鸟 3 种，占比 3.90 %。其中留鸟主要分布在东岛、永兴岛、琛航岛等面积相对较大、植被相对完好、生境结构相对复杂的岛屿上。在区系分布上，广布种物种数最高，为 41 种，占比 53.25 %；古北种 23 种，占比 29.87 %；东洋种 13 种，占比 16.88 %。

在生境分布上，半咸水湿地记录有鸟类 37 种，占比 48.05 %；沙滩 36 种，占比 46.75 %；森林 34 种，占比 44.16 %；草地 33 种，占比 42.86 %；灌丛 22 种，占比 28.57 %。利用湿地、沙滩、草地的鸟类主要为涉禽类候鸟，利用森林、灌丛的鸟类以雀形目留鸟及红脚鲣鸟为主。

总体而言，西沙群岛的鸟类具有以候鸟为主、留鸟种类较少且种群数量较小、分布范围较窄、大量红脚鲣鸟仅依赖东岛这一唯一栖息地等特点。西沙群岛充当了大量候鸟的迁徙停歇地和中转站，东岛承载着数十万只红脚鲣鸟和绝大部分留鸟，因此以保护栖息地完整性为目标的岛屿生物多样性保护需要予以高度重视。面积较大、生态系统相对完整的东岛、琛航岛、中建岛等需要优先保护。

鸟类生境 – 季节性湿地 – 中建岛

鸟类生境－裸岩滩－羚羊礁

2.2 历史变化

历史上，中国科学院北京动物研究所（现中国科学院动物研究所）等单位和潘永良分别于1974年和2005年对西沙群岛的鸟类资源做了较全面的调查与记录，根据郑光美《中国鸟类分类与分布名录》（第三版，2017）重新分类整理，中国科学院北京动物研究所等（1974）记录有鸟类10目21科43种，潘永良（2005）记录有鸟类11目21科55种。结合本次（2018–2020年）调查结果，在西沙群岛共记录有鸟类16目35科111种。其中留鸟物种数明显增加，从1974年报道的9种增加到2005年报道的17种，再到2018–2020年间调查记录的28种；冬候鸟物种数也略有增加，从1974年报道的23种，增加到2005年报道的27种，再到2018–2020年间调查记录的35种；旅鸟物种数无明显变化，分别为2种（1974年）、3种（2005年）和7种（2018–2020年；图2-1）。除了因本次调查时间相对较长、重复次数多，可能记录到更多的留鸟外，也一定程度反映了岛屿植被恢复与保护初见成效，能够留存更多的物种，尤其是更多留鸟定居于这些岛礁。

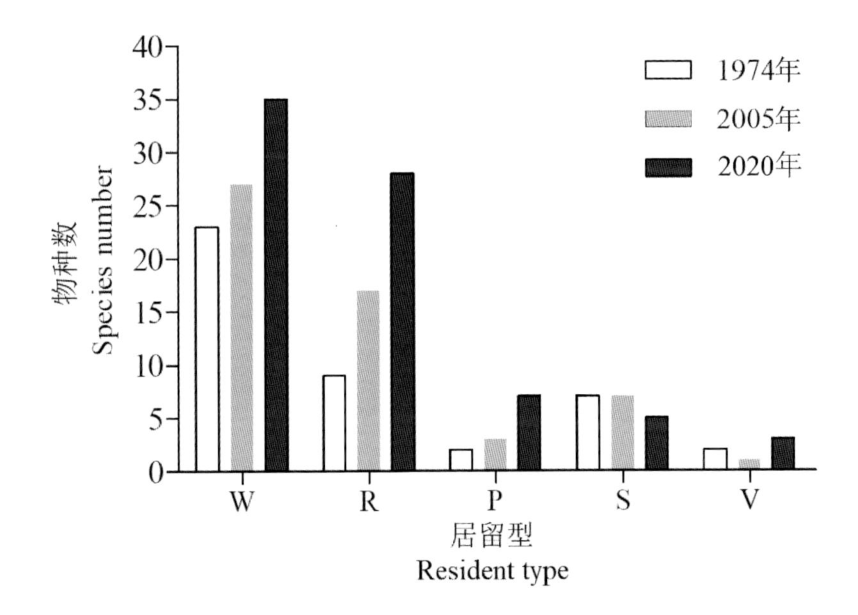

图2–1 1974年以来西沙群岛鸟类各居留型物种丰富度变化（李映灿 等，2021）

Figure2-1 Change of species richness of different resident types of birds in Xisha Islands since 1974

W，冬候鸟是，Winter visitor；R，留鸟，Resident；P，旅鸟，Passage migrant；S，夏候鸟，Summer visitor；V，迷鸟，Vagrant visitor。

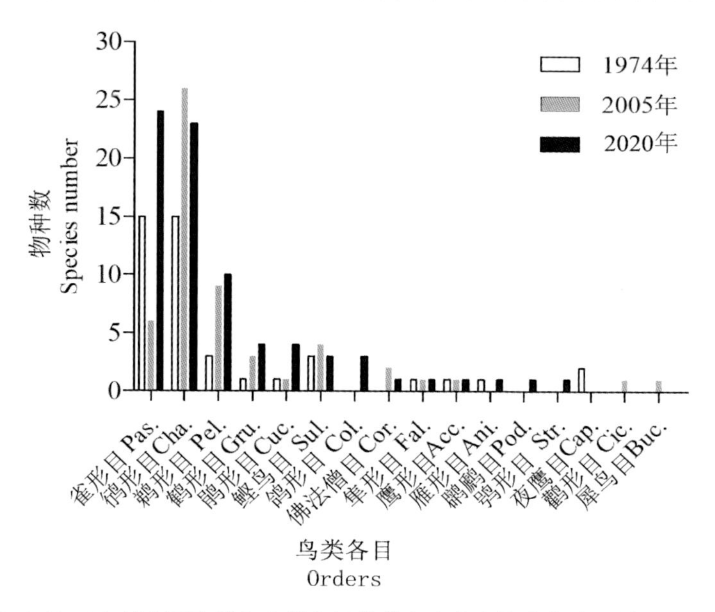

图 2-2 1974 年以来西沙群岛鸟类各目物种丰富度变化（李映灿 等，2021）

Figure2-2 Change of species richness of different orders of birds in Xisha Islands since 1974

Pas，雀形目，Passeriformes；Cha，鸻形目，Charadriiformes；Pel，鹈形目，Pelecaniformes；Gru，鹤形目，Gruiformes；Cuc，鹃形目，Cuculiformes；Sul，鲣鸟目，Suliformes；Col，鸽形目，Columbiformes；Cor，佛法僧目，Coraciiformes；Fal，隼形目，Falconiformes；Ac，鹰形目，Accipitriformes；Ani，雁形目，Anseriformes；Pod，䴙䴘目，Podicipediformes；Str，鸮形目，Strigiformes；Cap，夜鹰目，Caprimulgiformes；Cic，鹳形目，Ciconiiformes；Buc，犀鸟目，Bucerotiformes。

在历次调查中，鸟类群落结构始终存在较大差异。本次调查中有 37 种为西沙群岛新记录物种，占比达 48.05 %；而在中国科学院北京动物研究所等（1974）和潘永良等（2005）的报道共记录的 74 个物种中，有 34 种在本次调查中未记录到（45.95 %），且在 3 次调查中均出现的物种数仅有18种，仅占总和111种的16.22 %。如鸻形目鸥科由1974年的4种、2005 年的 6 种降低到本次调查的 2 种；未记录到夜鹰目、鹳形目、犀鸟目、鹰形目鹰科、雀形目树莺科、佛法僧目佛法僧科，但新记录到䴙䴘目、鸽形目、鸮形目、鹰形目鹗科、雀形目卷尾科、柳莺科、椋鸟科、雀科和鹀科；鹃形目由 1974 年的 1 种、2005 年的 1 种增加到本次调查的 4 种；雀形目由 1974 年的 15 种、2005 年的 6 种，增加到本次调查的 24 种（图 2-2）。可见，西沙群岛鸟类群落物种多样性在不同时期具有较大的变化。

不同时期鸟类群落物种组成变化较大，可能原因有：（1）中国西沙群岛位于国际公认的四条候鸟迁徙路线之一：东亚 – 澳大利西亚迁徙路线（East Asian–Australasian Flyway, EAAF）上（Boere and Stroud，2006），为大量候鸟提供了临时栖息地，而候鸟的迁入、迁出率高，导致鸟类群落结构不稳定，季节及年间变化均较大（Whittaker and Fernandez – Palacios，2007）；（2）环境随机性和种群统计随机性是种群维持和预测的重要指标，指的是由于偶然性对种群中个体的死亡率和繁殖率产生影响，在小种群中它起到重要作用（Lande, 1993）。而西沙群岛各岛屿面积都很狭小，环境容纳量有限，许多物种的种群规模很小，面临着更大的种群统计随机性带来的灭绝风险；（3）近年来，

西沙群岛面临着频繁的人为干扰和自然干扰等的影响，同时岛屿植被恢复和保护工作等也在快速开展（刘景先和王子玉，1975；高荣华，1993；孙立广 等，2005；任海 等，2017），这对岛屿上的不同植被群落结构造成了差异性的影响，改变了岛屿景观生态格局。如道路、房屋等建筑的修建工作破坏了部分森林和灌木生境，码头的修建和海岸的硬化破坏了沙滩生境，频繁的台风摧毁了新生的乔木林，人为的绿化和植被保护带来了新的植物物种并使部分森林和草地得以恢复等。这种植被类型和景观格局的改变，导致许多鸟类部分原有生态位丧失和新生态位的产生，进而对鸟类群落结构产生影响；（4）由于调查时间与调查区域有限，并受到人为主观因素、调查时间及强度限制，以及调查方法局限等的影响，各次调查的时间、强度、面积等均具有一定差异，部分地区未能更全面深入地调查，有限的调查数据难以全面展示鸟类群落结构及动态变化，并造成各次调查的巨大差异。这些原因导致历次调查结果均难以全面反映西沙群岛鸟类群落实际变化情况及其变化原因。因此，需要对西沙群岛鸟类群落种类组成及结构变化进行持续的、长期的、系统的监测，以深入了解导致群落变化的关键影响因子，为针对性的保护和科学管理提供更准备的基础信息。

2.3 季节变化

根据本次（2018–2019 年）对东岛和永兴岛在旱季和雨季分别进行的两次鸟类调查的结果，计算东岛、永兴岛在旱季和雨季的鸟类多样性指数（表 2–1）。结果显示，雨季的物种数、多样性指数和均匀度指数均高于旱季，东岛和永兴岛的鸟类季节变化趋势与西沙群岛鸟类总体季节变化趋势一致。

西沙群岛鸟类群落季节变化的原因可能是：（1）西沙群岛的鸟类物种组成中以冬候鸟（本次调查共记录到 35 种，占比 45.45%）为主，在雨季时冬候鸟的大量迁入增加了鸟类物种丰富度与多样性；（2）西沙群岛的雨季和旱季降水量差异极大，雨季降水量达全年的 87%，而最干旱的 2 月平均降水量仅为 10 mm，但蒸发量仍有 170 mm 以上，因此旱季植物生长相对较慢，果实、种子、昆虫等鸟类赖以生存的食物资源减少，栖息地质量相对较差。

表 2–1 2018–2019 年东岛、永兴岛鸟类多样性季节差异（李映灿 等，2021）

Table2-1 Seasonal change of species diversity of birds in Dongdao Island and Yongxing Island from 2018 to 2019

季节 Season	岛屿名称 Island names	物种数（%） Species number（%）	H'	J
旱季 Dry season	东岛 Dongdao island	33（50.77）	0.36	0.10
	永兴岛 Yongxing island	17（26.15）	1.74	0.61
	合计 Total	39（60）	0.77	0.21
雨季 Rainy season	东岛 Dongdao island	50（76.92）	0.55	0.14
	永兴岛 Yongxing island	23（35.38）	1.85	0.56
	合计 Total	56（86.15）	1.25	0.31

H：Shannon-Wiener 指数，Shannon-Wiener index；J：Pielou 均匀度指数，Pielou evenness index。

2.4 岛屿间差异

基于 2020 年 9 月对西沙群岛主要岛屿进行的调查的数据，对鸟类群落结构在岛屿间的差异进行了分析，探究岛屿间鸟类群落格局及其与岛屿特征的相关性。

西沙群岛主要岛屿的鸟类物种丰富度、多样性指数和均匀性指数均有一定差异(表 2–2)。东岛物种数最多，达 26 种，往后依次为中建岛 18 种、晋卿岛 15 种、琛航岛和广金岛各 13 种、永兴岛 12 种、珊瑚岛 12 种、甘泉岛 11 种、金银岛 10 种、羚羊礁 9 种、赵述岛 7 种、银屿 6 种、鸭公岛 4 种、全富岛 1 种。物种多样性晋卿岛最高，多样性指数为 2.57，中建岛次之（2.45），东岛（0.43）和全富岛（0）最低。均匀度为全富岛最高，均匀度指数为 1.0（仅有 1 种），晋卿岛（0.95）和赵述岛（0.90）较高，东岛（0.13）最低。

晚霞 – 东岛

表 2-2 2020 年 9 月西沙群岛主要岛屿鸟类物种多样性及分布（李映灿，2021）

Table 2-2 Species diversity and distribution of birds in main islands of Xisha Islands in September 2020

岛屿 Island	面积 Area（km^2）	物种数 Number of species	生境数 Number of habitats	H	J
永兴岛 Yongxing Island	3.16	12	4	1.83	0.74
东岛 Dongdao Island	1.70	26	5	0.43	0.13
中建岛 zhongjina Island	1.50	18	3	2.45	0.85
金银岛 Jinyin Island	0.36	10	4	1.56	0.68
琛航岛和广金岛 Chenhang Island and Guangjin Island	0.34	13	3	2.08	0.81
珊瑚岛 Shanhu Island	0.31	12	4	2.05	0.82
甘泉岛 Ganquan Island	0.30	11	3	1.56	0.65
赵述岛 Zhaoshu Island	0.22	7	2	1.75	0.90
晋卿岛 Jinqing Island	0.21	15	4	2.57	0.95
全富岛 Quanfu Island	0.02	1	1	0	1
羚羊礁 Lingyang Island	0.01	9	1	1.14	0.52
银屿 Yinyu Island	0.01	6	1	1.46	0.82
鸭公岛 Yagong Island	0.01	4	1	0.63	0.46
总计 Total	8.15	45	5	0.87	0.23

H: Shannon-Wiener 指数，Shannon-Wiener index；J：Pielou 均匀度指数，Pielou evenness index。

西沙群岛主要岛屿鸟类群落两两间的相似性系数普遍较低（表 2–3）。其中晋卿岛和甘泉岛相似性相对较高，相似性系数为 0.69，其次为金银岛和中建岛（0.64），最低为银屿和永兴岛（0），此外全富岛仅有 1 种鸟类，与多个岛屿的鸟类群落的相似度也为 0。

表 2–3 2020 年 9 月西沙群岛主要岛屿鸟类群落相似性分析（李映灿，2021）

Table 2-3 Similarity analysis of bird communities in main islands of Xisha Islands in September 2020

岛屿 Island	DD	ZJ	JY	CH	SH	GQ	ZS	JQ	QF	LY	YY	YG
YX	0.42	0.47	0.45	0.24	0.50	0.35	0.32	0.44	0	0.29	0	0.13
DD		0.41	0.33	0.41	0.42	0.22	0.24	0.34	0	0.29	0.19	0.13
ZJ			0.64	0.39	0.40	0.34	0.40	0.55	0	0.44	0.25	0.18
JY				0.52	0.55	0.29	0.59	0.56	0	0.42	0.25	0.43
CH					0.56	0.42	0.40	0.57	0.14	0.45	0.42	0.47
SH						0.35	0.32	0.44	0	0.29	0.22	0.50
GQ							0.33	0.69	0.13	0.50	0.29	0.32
ZS								0.36	0.25	0.38	0.15	0.18
JQ									0.13	0.50	0.24	0.27
QF										0.20	0	0
LY											0.53	0.31
YY												0.40

YX：永兴岛，Yongxing Island；DD：东岛，Dongdao Island；ZJ：中建岛，Zhongjian Island；JY：金银岛，Jinyin Island；CH：琛航岛和广金岛，Chenhang Island and Guangjin Island；SH：珊瑚岛，Shanhu Island；GQ：甘泉岛，Guangquan Island；ZS：赵述岛，Zhaoshu Island；JQ：晋卿岛，Jinqing Island；QF：全富岛，Quanfu Island；LY：羚羊礁，Lingyang Island；YY：银屿，Yinyu Island；YG：鸭公岛，Yagong Island。

基于2020年9月调查的鸟类群落数据，据构建各岛屿“鸟类－栖息地”网络，计算网络结构参数（连接度、嵌套度和模块化），探究岛屿面积与栖息地丰富度对“鸟类—栖息地”网络结构的影响，以探讨鸟类对岛屿生境的利用和依赖性等特点。结果显示，物种数与岛屿相对面积呈显著正相关关系（$P = 0.0033$），说明面积大的岛屿能容纳更多物种（图2–3a）；连接度与岛屿相对面积呈显著负相关关系（$P < 0.001$），说明岛屿面积越小，鸟类对生境的依赖程度越强（图2–3c）；模块化和加权嵌套度与岛屿相对面积无呈显著相关性（$P > 0.05$），说明多数鸟类与生境间不形成单一的依赖性（图2–3e、2–3g）；物种数（$P = 0.001$）和模块化（$P = 0.03$）与栖息地丰富度均呈显著正相关关系（图2–3b、2–3 f）；连接度与栖息地丰富度呈显著负相关关系（$P < 0.001$）（图2–3d）；加权嵌套度与栖息地丰富度无显著相关性（$P > 0.05$）（图2– 3h）；说明栖息地越丰富的岛屿，能容纳更多的物种，对单一生境的依赖性越弱，物种多样性和群落结构越稳定（图2–3）。

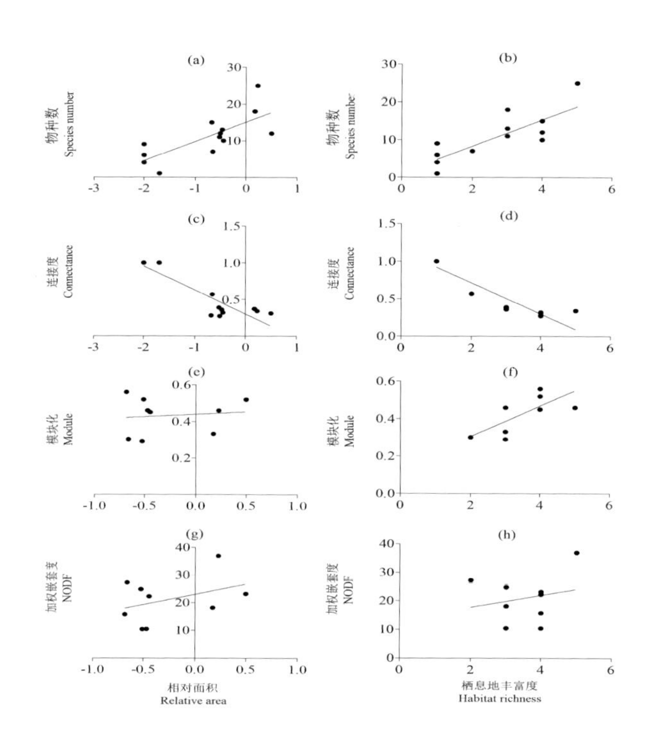

图2–3 2020年9月西沙群岛主要岛屿中岛屿相对面积与栖息地丰富度对西沙群岛“鸟类－栖息”地网络结构的影响（李映灿，2021）

Figure 2-3 Effects of island relative area and habitat richness on “bird -habitat”network structure in Xisha islands in September 2020

a：岛屿相对面积对物种数的影响；　c：岛屿相对面积对连接度的影响；

e：岛屿相对面积对模块化的影响；　g：岛屿相对面积对加权嵌套度的影响；

b：栖息地丰富度对物种数的影响；　d：栖息地丰富对连接度的影响；

f：栖息地丰富度对模块化的影响；　h：栖息地丰富度对加权嵌套度的影响；

鸟类群落物种多样性、均匀性及“鸟类－栖息地”网络结构在岛屿间的差异可能是以下原因造成的。

（1）人为干扰及栖息地丧失是永兴岛等面积较大岛屿物种多样性较低的重要原因。永兴岛为西沙群岛面积最大的岛屿，约 3.0 km^2，植被类型及植物物种最为丰富，景观格局最为复杂。除种类多样的自然植被（如抗风桐林、海岸桐林、橙花破布木林、草海桐群落、银毛树群落、厚藤＋海刀豆群落等）外，还有丰富的人工栽培的绿化植被（木麻黄林、椰子林、狗牙根草坪等）和各种果蔬（杧果、香蕉、白菜等）。但是 2020 年 9 月在永兴岛仅记录到鸟类 12 种，尚不及面积仅为其 1/10 的琛航岛和广金岛，多样性指数和均匀度指数也较低。这是由于永兴岛作为西沙群岛的经济及行政中心，人口相对密集，大量的人工建筑和人为干扰导致了鸟类生境的破碎化，使原有的适应人为干扰能力较弱的鸟类（红脚鲣鸟等）灭绝或迁出（贝天祥 等，1959）。在永兴岛岛屿建设和植被移栽的过程中，人为带来的大量外来土壤和外来植物，导致了部分外来恶性入侵物种的侵入和肆虐，如飞机草、南美蟛蜞菊和无根藤等已经对岛上原生和栽培植被造成了严重的威胁，破坏了部分鸟类赖以生存的生态环境。

（2）东岛为西沙群岛面积第二大的岛屿，达 1.7 km^2，原生植被最好，拥有中国目前面积最大的抗风桐林、水芫花群落和海人树群落（高荣华，1993；简曙光 等，待发表）。2020 年 9 月在东岛共记录有鸟类 26 种，明显高于其他岛屿。这是由于东岛岛屿面积较大，原生植被保存相对完好，人为干扰较小，鸟类的栖息地质量和食物资源相对稳定；东岛除森林、灌丛、草地、沙滩生境外，还在岛南部有一个特殊的生境－半咸水湿地，为鸟类，尤其是涉禽类【黑水鸡（*Gallinula chloropus*）、池鹭（*Ardeola bacchus*）、黑翅长脚鹬（*Himantopus himantopus*）等】提供了珍贵的淡水资源、丰富的食物资源（水生无脊椎动物、昆虫等）和良好的栖息生境。但是，东岛的鸟类物种多样性指数和均匀度指数均较低，分别为 0.43 和 0.13，这是由于东岛栖息有约 35500 对红脚鲣鸟繁殖种群（曹垒，2005），庞大的红脚鲣鸟使整个鸟类群落的多样性指数和均匀度指数计算结果偏低。如果去除红脚鲣鸟的影响，东岛的鸟类群落多样性指数和均匀性指数均较高，说明除了红脚鲣鸟外，东岛的鸟类不存在数量上占明显优势的物种，各物种的种群密度较为接近。

（3）中建岛面积也较大，达 1.5 km^2，但高潮时大部分被海水淹没，陆域面积仅约 0.4km^2。中建岛植被覆盖率低（仅约 5%），其中原生植被占比较小，植物种类也较少。植被除人工栽植的木麻黄防护林外，主要为草海桐＋银毛树群落、厚藤＋细穗草群落和海马齿群落。海马齿群落在高潮时常被海水淹没，不适宜留鸟生存，但退潮时可以成为涉禽类候鸟的觅食地。2020 年 9 月在中建岛记录有鸟类 18 种，多样性指数和均匀度指数也较高，分别为 2.45 和 0.85。其原因可能与中建岛面积较大，且拥有西沙群岛最大面积的沙滩，潮汐为大量水鸟【绿鹭（*Butorides striata*）、牛背鹭（*Bubulcus ibis*）、黑翅长脚鹬、金鸻（*Pluvialis fulva*）等】提供了丰富的食物资源。但是，中建岛以留鸟为主的林、灌丛鸟类较稀少，主要是因为中建岛大部分区域为潮汐沙滩，涨潮时岛屿面积会急剧缩小，海水漫灌使抗风桐、海岸桐等原生乔木十分稀少，非海水漫灌区主要为人工栽培的木麻黄林，并不适宜林、灌丛鸟类栖息，因此中建岛仅有少数栖息于灌丛的鸟类，如北灰鹟（*Muscicapa dauurica*）、灰鹡鸰（*Motacilla cinerea*）、蓝矶鸫（*Monticola solitarius*）、火斑鸠（*Stretopelia tranquebarica*）等，数量稀少，物种数远不及面积相近的东岛。

（4）金银岛、琛航岛、广金岛、珊瑚岛、甘泉岛、赵述岛、晋卿岛这7个岛屿的面积基本在0.1～0.5 km²，植被类型及覆盖度、生境质量及人为干扰情况等较为相似，但物种丰富度和多样性也存在一定的差异。晋卿岛植被状况相对较为良好，保存有成片海岸桐林和红厚壳林，珊瑚岛、甘泉岛、金银岛、琛航岛和广金岛也存在少量或零星分布的抗风桐林、海岸桐林、榄仁林和红厚壳林。这些岛屿上人口稀少，仅有少量建筑和道路，人为干扰影响相对较小。因此这些岛屿间的物种丰富度和多样性差异主要受鸟类调查强度和调查方法的影响。赵述岛为附近岛礁及海域管护站所在地，居民相对较多，建筑和绿化植被对原生植被群落有相对较大的破坏作用，大部分海岸已经硬化，不利于候鸟的栖息和觅食，因此当地多为伴人居型的鸟类，如家燕（*Hirundo rustica*）、灰鹡鸰等，物种数相对较低。

（5）全富岛、羚羊礁、银屿和鸭公岛面积很小（0.01～0.02 km²），除全富岛外均有常住人口，居住面积约占岛屿面积的一半或以上，植物种类少，仅有零星的草本和人为栽种的少量灌木，但这几个岛屿间物种丰富度和多样性差异较大。羚羊礁虽然面积极小，但其边缘有大片礁盘，在落潮时有礁石露出水面，为许多水鸟【白鹭（*Egretta garzetta*）、翻石鹬（*Arenaria interpres*）、灰尾漂鹬（*Heteroscelus brevipes*）、中杓鹬（*Numenius phaeopus*）等】提供了良好的觅食地点，因而物种数相对较多。常住人口产生的生活垃圾和弃置的渔获物为灰鹡鸰、翻石鹬等鸟类提供了重要的食物来源，房屋等建筑物也为山麻雀（*Passer rutilans*）、蓝矶鸫等鸟类提供了较安全的栖息地。全富岛缺乏陆生高等维管植物，也没有人为建造的房屋等可供林鸟栖息，因此仅发现有中杓鹬在岛周焦盘上觅食。

然而，本次对西沙群岛许多岛屿的调查时间有限，调查重复次数较少，调查结果存在一定的局限性。为了更详细地掌握西沙群岛鸟类资源概况，为鸟类资源及其栖息地的保护提供更详实的数据支撑，还需要对西沙群岛主要岛屿的鸟类群落及其影响因素进行持续地、长期地监测和综合分析。

3 鸟类生态学研究

3.1 物种－面积关系

由于海水的包围，岛屿内生物群落在长期隔离过程中表现出特殊的物种丰富度，早在1855年研究者就开始了对这种岛屿物种－面积关系的研究（Decandolle，1855）。物种数与岛屿面积关系是很早就受到关注的生态学现象之一，也是岛屿生物地理学理论要点之一，即岛屿面积越大，岛上的物种数也越多（Rosenzweig，1995）。岛屿生物地理学理论主要以海洋岛屿和陆桥岛为研究对象，研究岛屿物种数与岛屿面积、岛屿与大陆的距离之间的关系，以及岛屿物种多样性维持机制等，在解释岛屿生物群落的动态平衡及驱动机制方面具有极为重要的意义。岛屿生态系统中，物种－面积关系由 Arrhenius 于1920年构建了幂函数模型：$S = CA^Z$，被广泛应用于生态学领域（Arrhenius，1920）。

基于2020年9月对西沙群岛主要岛屿进行的鸟类调查数据分析鸟类物种－面积关系。将物种—面积关系的幂函数模型 $S = CA^Z$（S 为物种数，A 为岛屿面积，C 和 Z 为常数）的对数转换为函数：$\lg S = Z\lg A + \lg C$，得 $Z = 0.278$，$\lg C = 1.164$，即 $\lg S = 0.278\lg A + 1.164$，$r^2 = 0.478$，$F = 10.07$，$P = 0.0089$。即物种数与岛屿面积显著正相关，大面积的岛屿可以承载更多的物种，符合岛屿生物地理学理论关于物种－面积关系的预测（图3-1）。通常认为 Z 值与群岛的隔离度有关，群岛的不同岛屿的 Z 值一般在 0.18 ~ 0.35 之间，与本次调查相符（Preston，1962；Macarthur and Wilsonn，1967）。与潘永良等（2005）的报道（$Z = 0.457$）相比，本次调查显示 Z 值较低，这表明随着西沙群岛鸟类群落结构和景观格局的改变，鸟类物种丰富度随面积变化的强度在下降，岛屿与大陆或物种库的隔离被削弱。

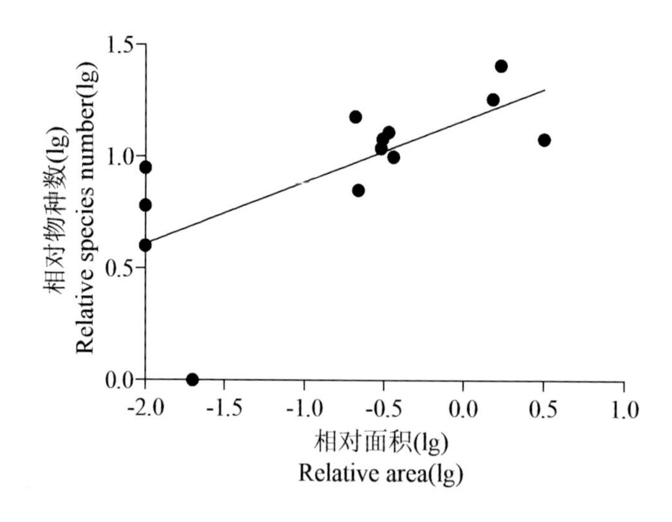

图 3-1 西沙群岛 13 座岛屿的鸟类物种－面积关系（李映灿，2021）

Figure 3-1 Species-area relationship for bird species on 13 islands in Xisha Islands

3.2 常见树木种子传播方式及“鸟－植物”栖息网络

在岛屿生态系统中，动物不仅能够在系统建成时有效地帮助植物的传播与定植，在生态系统功能与结构的维持和恢复中也具有极为重要的作用。如大量海鸟带来的鸟粪，取食鱼类、贝类、甲壳类等带来的残留物，极大地改变了土壤理化性质，影响了植被的生长发育（Young *et al.*，2011；Ayers *et al.*，2015）；鸟类及部分哺乳动物参与植物种子的传播，显著影响了种子的传播效率和传播距离（Treitler *et al.*，2017；Falcón *et al.*，2019；Rehm *et al.*，2019）；许多常规意义上较少参与植物传粉的动物（蜥蜴等），也常在岛屿植物传粉中起到重要作用，影响植物的繁殖行为（Chamorro *et al.*，2012；Hervías - Parejo *et al.*，2020）。本研究利用种子传播实验与野外直接观察相结合的方法，探究西沙群岛常见树木的种子传播方式，并构建“鸟－植物”传播网络。目的在于探讨岛礁植物的种子传播方式，评估鸟类在植物种子传播中的潜在意义。

在东岛进行了抗风桐、海岸桐、榄仁树、海岸桐、海滨木巴戟等常见树木种子（果实）的野外释放，并用红外相机监控种子（果实）被动物取食和搬运情况，以确定可能取食和传播常见林木种子的动物。同时，在东岛和永兴岛，针对常见树木选择 5~10 个观察样点进行直接观察，以确认取食和搬运目标树种种子（果实）的鸟类，进一步确认目标树种潜在的种子传播者。但结果未观测到鸟类、鼠类等动物对常见植物种子的主动传播行为，野外释放的种子全部存留于原地，未拍摄到取食和搬运种子的哺乳动物和鸟类。直接观察发现，抗风桐种子能黏附在鸟类 [红脚鲣鸟、暗绿绣眼鸟（*Zosterops japonicus*）等] 的羽毛上，可能通过黏附的方式传播，但传播效率需要进一步评估。此外，我们还观察到红脚鲣鸟会在草地收集臭矢菜（*Cleome viscosa*）等用于做巢，这可以将其种子从草地传入抗风桐林，但细节尚待进一步确认。此外，我们还观察到了暗绿绣眼鸟参与海滨木巴戟的传粉，西沙群岛鸟类与植物基于传粉的相互关系尚待进一步研究。

鸟类调查中，我们记录了鸟类栖息的植物种类，并建立了“鸟－植物”基于栖息关系的相互关系网络。结果共记录有 10 种植物和 32 种鸟类参与形成的 65 种栖息关联，其网络结构具有较高的嵌套度（38.31），较低的模块化（0.15）和较低的连接度（0.20），栖息关系较为泛化（图 3–2）。结果说明，大多数鸟类都能栖息在多种植物上，仅利用某一种或少数几种树木的鸟类较少。

西沙群岛的主要原生乔木树种中，抗风桐果实沿棱具 1 列有黏液的短皮刺，棱间有毛，能够黏附在鸟类羽毛上，抗风桐林内数量巨大、迁移能力极强的红脚鲣鸟可能在抗风桐种子的远距离传播中起到重要作用，但尚需要数据支持。海岸桐的核果具有纤维质的中果皮，完全成熟后蓬松而质轻；银毛树的核果由不透水的外壳所包围；海滨木巴戟果实质地较轻，种仁被有坚硬且不透水的外壳；草海桐具有松软而厚的外果皮（中国科学院中国植物志编委会，1989）；这些特征表明它们均能够在海水中长期漂流，其主要传播方式应为水传播。因此，除抗风桐外，西沙群岛上的主要植物种子的传播对动物的依赖不大，可能由水传播等其他方式进行传播，动物的主动传播关系较少，暗示西沙群岛植物与动物的互作关系在种子传播环节较弱化，传播网络结构简单。鸟类与植物之间更多的体现为栖息关系，植被能为鸟类提供隐蔽场所、筑巢地和食物资源（昆虫等），但种子传播对鸟类的依赖性不强。西沙群岛鸟类对植被的影响，尤其是对建群树种的影响尚待进一步研究。

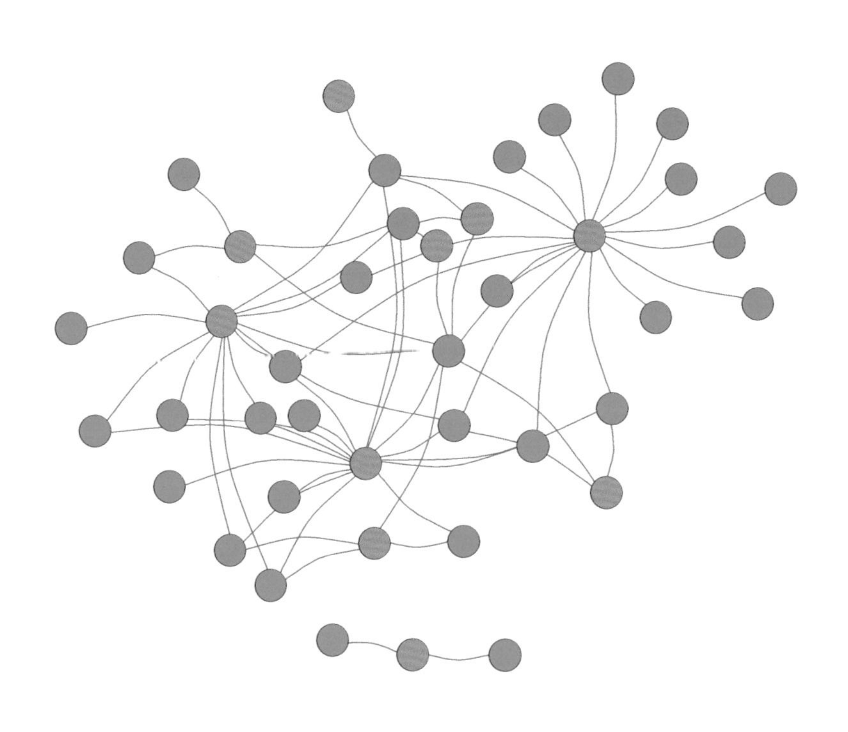

图 3–2 西沙群岛“鸟 – 植物”栖息网络（李映灿，2021）
Figure 3-2 Bipartite representation of the bird–habitat network on Xisha Islands

3.3 东岛“鸟 – 生境”网络分析及生境评估

在西沙群岛中，东岛是植被最好、野生植物种类最多、生态保护最为完善、栖息地丰富度最高的岛屿。据本次调查，东岛也拥有最多的鸟类物种数和个体数量，构成最复杂的“鸟 – 生境”互作关系，是对海洋岛屿生态系统的生境评估的理想实验对象，也是构建绿色健康岛屿的优秀模板（广东省植物研究所西沙群岛植物调查队，1977；高荣华，1993；童毅 等，2013；任海 等，2017）。该研究以东岛为例，构建“鸟 – 生境”互作网络，分析网络结构与稳定性的关系，并通过移除不同类型生境，分析网络结构的变化，以此评估不同生境类型在维持鸟类多样性方面的意义。也可以从鸟类多样性的角度评估生境退化的潜在风险。

3.3.1 西沙群岛生境类型

根据西沙群岛的不同植被类型和地貌特征，可以将鸟类生境划分为森林、灌丛、草地、沙滩和半咸水湿地 5 种类型。

森林分布于面积较大的岛屿中心区域，主要为抗风桐林和海岸桐林。橙花破布木林、红厚壳林和榄仁林仅分布在少数岛屿，且面积较小。高度 4.0 ~ 10.0 m，下层通常缺乏植被，仅有零星草本或灌木，能够为大量鸟类提供栖息地，部分乔木的果实也可供鸟类食用。

灌丛主要分布在森林外沿和沙堤内侧，在部分小岛上基本覆盖全岛，主要为草海桐群落和银毛树群落，其他群落仅在部分岛屿有零星分布，高度通常为 1.0 ~ 2.5 m，为部分鸟类提供了栖息地。

藤草群落主要分布在近海岸沙堤和空旷地，位于森林和灌丛外沿，物种数量丰富，厚藤 + 海刀豆群落、蒭雷草 + 盐地鼠尾粟 + 沟叶结缕草群落和鲫鱼草 + 羽芒菊 + 马齿苋群落广泛分布于各岛，部分岛屿上还有大片人为种植的狗牙根群落，为鸟类提供较充足的昆虫或植物类食物来源。

沙滩主要在所有岛屿高潮线以下区域，面积宽广。潮汐带来各种食物，为各种涉禽、游禽等提供了鱼类和水生无脊椎动物等食物资源。

半咸水湿地主要分布于东岛中部的一个低洼地，雨季水多时似小水塘，植被类型主要为海马齿群落和羽状穗砖子苗 + 长叶雀稗群落（Comm. *Cyperus javanicus* + *Paspalum longifolium*）等湖沼植物，为各种动物提供了宝贵的淡水或半咸水资源，昆虫及水生无脊椎动物等食物资源，是东岛最重要的动物集散地。在此半咸水湿地区聚集了大量的白鹭、牛背鹭、黑水鸡、黑翅长脚鹬、白鹡鸰、夜鹭等鸟类。

植被相对完好的东岛同时具有这 5 种类型的生境，岛屿中心为以抗风桐、海岸桐为建群种的森林，大约为 80 hm^2；森林边缘与草地沙滩间的过渡带为以海岸桐、银毛树等为建群种的低矮乔木或灌丛，大约为 16 hm^2；海岸边缘、岛屿中心部分区域为草地，常见物种有厚藤、海刀豆、蒭雷草、盐地鼠尾粟、沟叶结缕草、鲫鱼草等，面积约为 13 hm^2；海岸沿线为 3 ~ 20 m 不等的沙滩，面积约为 9 hm^2；中部以半咸水湖泊及周边浅水湿润区域为半咸水湿地，面积约为 2 hm^2。

3.3.2 东岛“鸟 - 生境”网络分析

在 2018—2019 年，研究者于东岛共记录了 5513 只鸟类个体（不含红脚鲣鸟），分别隶属于 12 目 23 科 57 种，与 5 种栖息地类型共建立了 103 个连接。生境面积与鸟类物种数（$P = 0.90$）、多样性指数（$P = 0.15$）和均匀度（$P = 0.12$）均无线性相关关系。东岛的“鸟 – 生境”网络具有较低的模块化（M = 0.33），较高的嵌套度（嵌套度 = 42.79）和中等的连接度（C = 0.36；图 3–3）。说明东岛的多数鸟类均能利用 2 种以上的生境类型，较少有单一依赖某一种生境的物种，但同时利用 3 种以上生境的物种数亦较少。但红脚鲣鸟较为特别，除少数个体偶尔会降落草地搜集巢材外，数十万对红脚鲣鸟几乎完全栖息在抗风桐林的林冠层，对抗风桐林具有高度的依赖性。因此，东岛的抗风桐林为红脚鲣鸟唯一的栖息地，对红脚鲣鸟的保护具有十分重要的意义。

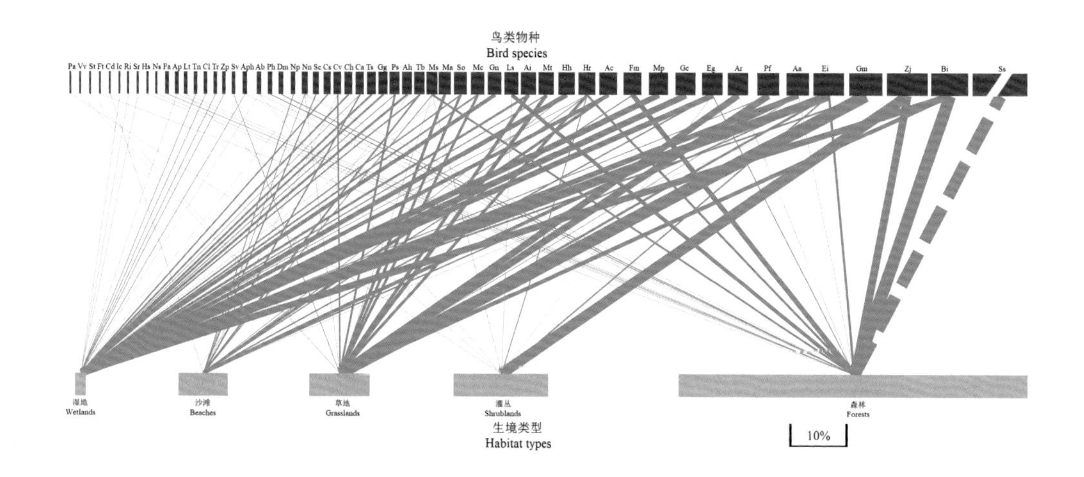

图 3–3 东岛“鸟 – 生境”二分网络（李映灿，2021）

Figure 3-3 Bipartite representation of the bird–habitat network on Dong Island

■红色代表鸟类物种，■黄色代表生境类型，连线代表存在相关关系；柱子粗细代表鸟类物种个体数或生境面积所占比例，连线粗细代表相关关系强度；由于红脚鲣鸟数量过大，采用虚线表示。

Pa，北红尾鸲，*Phoenicurus auroreus*；Vv，凤头麦鸡，*Vanellus vanellus*；St，黑喉石䳭，*Saxicola*；Ft，红隼，*Falco tinnunculus*；Cd，金腰燕，*Cecropis daurica*；Ic，栗苇鳽，*Ixobrychus cinnamomeus*；Ri，普通秧鸡，*Rallus aquaticus*；Sr，丘鹬，*Scolopax rusticola*；Hs，大鹰鹃，*Hierococcyx sparverioides*；Ns，鹰鸮，*Ninox scutulata*；Fa，白斑军舰鸟，*Fregata ariel*；Ap，草鹭，*Ardea purpurea*；Lt，虎纹伯劳，*Lanius tigrinus*；Tn，青脚鹬，*Tringa nebularia*；Cl，铁嘴沙鸻，*Charadrius*；Tr，小䴙䴘，*Tachybaptus ruficollis*；Zp，小田鸡，*pusilla*；Sv，紫翅椋鸟，*Sturnus vulgaris*；Aph，白胸苦恶鸟，*Amaurornis phoenicurus*；Ab，池鹭，*Ardeola bacchus*；Ph，鹗，*Pandion haliaetus*；Dm，黑卷尾，*Dicrurus macrocercus*；Np，中杓鹬，*Numenius phaeopus*；Nn，夜鹭，*Nycticorax nycticorax*；Sc，珠颈斑鸠，*Streptopelia chinenesis*；Cs，长趾滨鹬，*Calidris subminuta*；Cv，东方鸻，*Charadrius veredus*；Ch，剑鸻，*Charadrius hiaticula*；Ca，环颈鸻，*Charadrius alexandrinus*；Ts，泽鹬，*Tringa*；Gg，扇尾沙锥，*Gallinago gallinago*；Ps，灰鸻，*Pluvialis squatarola*；Ah，矶鹬，*Trianga hypoleucos*；Tb，灰尾漂鹬，*Heteroscelus brevipes*；Ms，蓝矶鸫，*Monticola solitarius*；Ma，白鹡鸰，*Motacilla alba*；So，火斑鸠，*Stretopelia orientalis*；Mc，灰鹡鸰，*Motacilla cinerea*；Gn，鸥嘴噪鸥，*Gelochelidon nilotica*；Ls，棕背伯劳，*Lanius schach*；Ai，翻石鹬，*Arenaria interpres*；Mt，黄鹡鸰，*Motacilla tschutschensis*；Hh，黑翅长脚鹬，*Himantopus Himantopus*；Hr，家燕，*Hirundo rustica*；Ac，苍鹭，*Ardea cinerea*；Fm，黑腹军舰鸟，*Fregata*；Mp，赤颈鸭，*Anas Penelope*；Gc，黑水鸡，*Gallinula chloropus*；Eg，白鹭，*Egretta garzetta*；Ar，田鹨，*Anthus richardi*；Pf，金鸻，*Pluvialis fulva*；Aa，大白鹭，*Egretta alba*；Ei，中白鹭，*Egretta intermedia*；Gm，普通燕鸻，*Glareola maldivarum*；Zj，暗绿绣眼鸟，*Zosterops japonicus*；Bi，牛背鹭，*Bubulcus ibis*；Ss，红脚鲣鸟，*Sula sula*。

利用拓扑方法对东岛“鸟－生境”网络中的生境进行模拟移除，进行鲁棒性检验（图3–4）。结果表明，与随机移除相比，“鸟－生境”网络对于最小面积或最多物种的生境移除序列的鲁棒性较差，而对于移除最大面积或最少物种数的序列具有较好的鲁棒性。

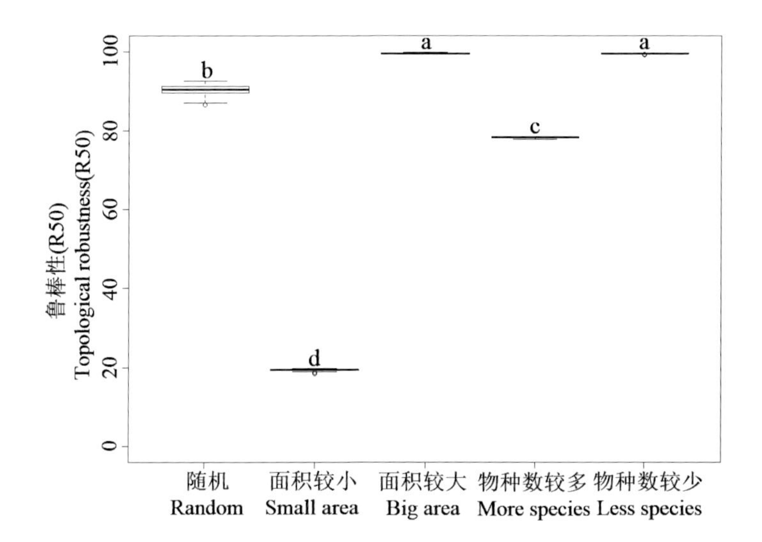

图 3–4 拓扑方法检测网络对生境损失的鲁棒性（Li *et al.*,2021）

Figure 3-4 The robustness to habitat loss in the topological approach

共进行了50次重复模拟。y轴的鲁棒性检测标准为R50（即半数灭绝）。方框上的不同的小写字母代表在方差分析中存在0.05水平的显著性差异。

3.3.3 东岛鸟类的生境偏好

东岛的鸟类对生境存在明显的偏好性。半咸水湿地物种数最多，达36种，占比64.28 %，以涉禽类候鸟为主；森林内有22种，占比39.28 %，除红脚鲣鸟外，多为体型较小的留鸟；草地有19个物种，占比33.93 %，兼有留鸟和候鸟；沙滩有17个物种，占比30.36 %，多为候鸟；灌丛有9个物种，占比16.07 %，多为体型较小的留鸟（表3–1）。半咸水湿地的多样性最高，其次为草地、沙滩、灌丛和森林。沙滩的均匀度最高，其次为半咸水湿地、草地和灌丛，森林最低。半咸水湿地中的候鸟物种数高于其他生境，而森林与草地的留鸟物种数较高。生境面积与鸟类物种数（$P = 0.90$）、多样性指数（$P = 0.15$）和均匀度（$P = 0.12$）均无线性相关关系。

各生境的物种数及多样性与面积无线性相关关系，面积最小的半咸水湿地生境占据最多的物种，这种差异性分布可能与生境的食物、筑巢、安全性等资源和鸟类物种组成相关（Wilson and Belcher，1989；Häkkilä *et al*，2018）。大多数鸟类仅利用其中一种或两种生境，如黑卷尾（*Dicrurus macrocercus*）、红隼（*Falco tinnunculus*）等仅栖息于森林中，暗绿绣眼鸟（*Zosterops japonicus*）等主要栖息于灌丛中，普通燕鸻（*Glareola maldivarum*）、田鹨（*Anthus richardi*）等主要分布于草地上，中杓鹬仅分布于沙滩生境中，黑水鸡、赤颈鸭（*Mareca penelope*）等仅分布于半咸水湿地生境中，仅少量鸟类（白鹭、家燕等）能同时利用全部生境。

表 3-1 东岛各生境鸟类物种多样性（李映灿，2021）

Table 3-1 Bird species diversity in each habitats on Dongdao Island

项目	半咸水湿地 Wetland	森林 Forest	沙滩 Beach	草地 Grassland	灌丛 Shrubland	总计 Total
鸟类物种数 (%) Bird species number (%)	36 (64.28)	22 (39.28)	17 (30.36)	19 (33.93)	9 (16.07)	57
留鸟物种数 (%) Resident birds (%)	12 (60)	13 (65)	5 (25)	13 (65)	5 (25)	20
候鸟物种数 (%) Migrant birds (%)	24 (64.86)	9 (24.32)	12 (32.43)	6 (16.22)	4 (10.81)	37
H	2.86	0.41	2.43	2.27	0.58	1.45
J	0.80	0.13	0.86	0.77	0.26	0.36

H：Shannon-Wiener 指数，Shannon-Wiener index；J：Pielou 均匀度指数，Pielou evenness index。

3.3.4 生境评估

我们将东岛的加权“鸟 - 生境”网络用二维矩阵 A 进行描述（Bersier *et al*., 2002），行向量 *i* 表示栖息生境，列向量 *j* 表示鸟类物种的个体，A[*i*, *j*] 为 1 表示鸟类个体 *j* 对栖息地 *i* 进行了访问，A[*i*, *j*] 为 0 则表示鸟类 *j* 对栖息地 *i* 不访问。我们假设鸟类在栖息地丧失后不能从一种栖息地转移到另一种栖息地，因而栖息地无法替代和补偿（Staniczenko *et al*., 2010）。当生境被移除后，与该生境相关的所有联系也被移除，当生境 *i* 的损失导致某个物种的个体数为 0 时，即当该物种失去可用生境时，即发生灭绝（Dunne *et al*., 2002, 2004; Sol é *et al*., 2001）。据此我们对东岛的加权“鸟 - 生境”网络进行生境损失模拟，在每一步中随机移除一定百分比面积的栖息地，并记录二次灭绝的物种数量。重复这个过程直至所有的网络节点都消失，每次随机模拟重复 50 次，计算生境损失模拟对网络参数和物种丰

富度的平均影响。我们不考虑灭绝阈值，因为该岛屿上的鸟类多为候鸟，具有较强的迁移和扩散能力，能够在一定程度上忍受岛屿隔离的限制（Bellingeri and Vincenzi，2013）。生境损失模拟在 matlab 中完成，数据分析在 R 3.4.2 中完成（R Core Team，2017）。通过生境模拟移除的方法进行东岛“鸟 – 生境”网络的生境评估，生境模拟移除后导致更多的物种灭绝，“鸟 – 生境”网络结构简化，嵌套度降低，模块化加剧，则该生境对鸟类群落物种多样性的维持具有更加重要的意义（图 3–5, 图 3–6）。由于红脚鲣鸟数量巨大，可能掩盖部分参数对网络的影响，排除红脚鲣鸟后，重新分析生境移除对“鸟 – 生境”网络的影响，以更真实地反映鸟类与生境关联关系（图 3–7）。

在群落多样性指数上，湿地和森林的移除使东岛鸟类物种数明显下降，灌丛移除对物种数影响较小（图 3–6.a、3–7.a）；多样性指数随草地、湿地生境的移除而明显下降，但灌丛和森林的移除反而略微增加了物种多样性指数（图 3–6.b、3–7.b）。均匀度指数随草地、湿地的移除而明显下降，而森林的移除明显增加了群落的均匀度（图 3–6.c、3–7.c）。在网络结构上，移除任何生境对连接度的影响都非常相似（图 3–6.d、3–7.d）；模块化在草地被移除时明显下降，在森林被移除时下降幅度较小，而在沙滩被移除时有所上升（图 3–6.e、3–7.e）；森林的移除增加了网络的嵌套度，湿地的移除大幅降低了网络的嵌套度，沙滩或草地的移除略微降低了嵌套度（图 3–6.f、3–7.f）。

生境移除对于不同居留型的鸟类具有不同的影响。对于候鸟而言，半咸水湿地的移除导致了 13 个物种（35.14 %）的灭绝，随后依次为草地（3 种，8.11 %）、沙滩（2 种，5.40 %）、森林（1 种，2.70 %）和灌丛（1 种，2.70 %；图 3–6.g、3–7.g）。对于留鸟而言，森林的移除造成了最多的物种灭绝（5 种，25 %），半咸水湿地（2 种，10 %）和沙滩（1 种，5 %）也有一定影响，而草地和灌丛的移除不会造成留鸟的灭绝（图 3–6.h、3–7.h）。这些结果说明，候鸟对湿地、草地和沙滩的利用率和依赖性较高，而留鸟对森林、灌丛等生境的依赖性较高。留鸟和候鸟对不同生境的利用和依赖性差异，可以为针对性的生态恢复和保护提供参考依据。

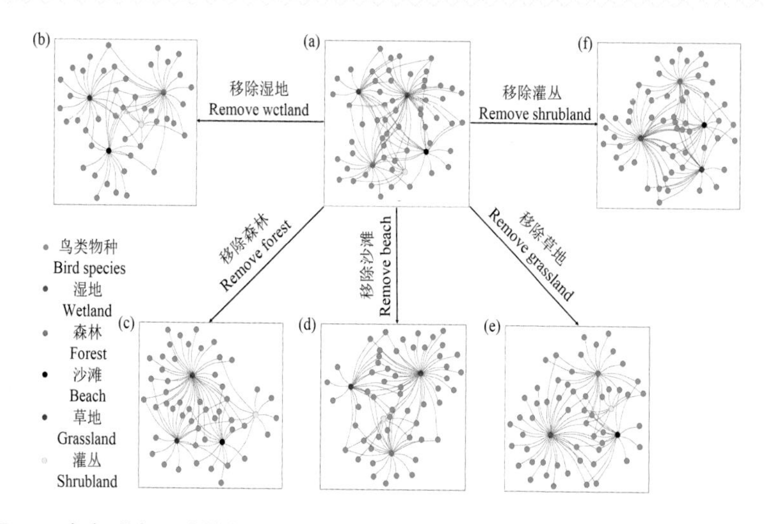

图 3–5 东岛“鸟 – 生境”二分网络的生境移除模拟（李映灿，2021）

Figure 3-5Bipartite representation of the bird–habitat network on Dongdao Island

（a）包括所有鸟类物种和生境类型的网络结构；（b）半咸水湿地被移除的网络结构；（c）森林被移除的网络结构；（d）沙滩被移除的网络结构；（e）草地被移除的网络结构；（f）灌丛被移除的网络结构。

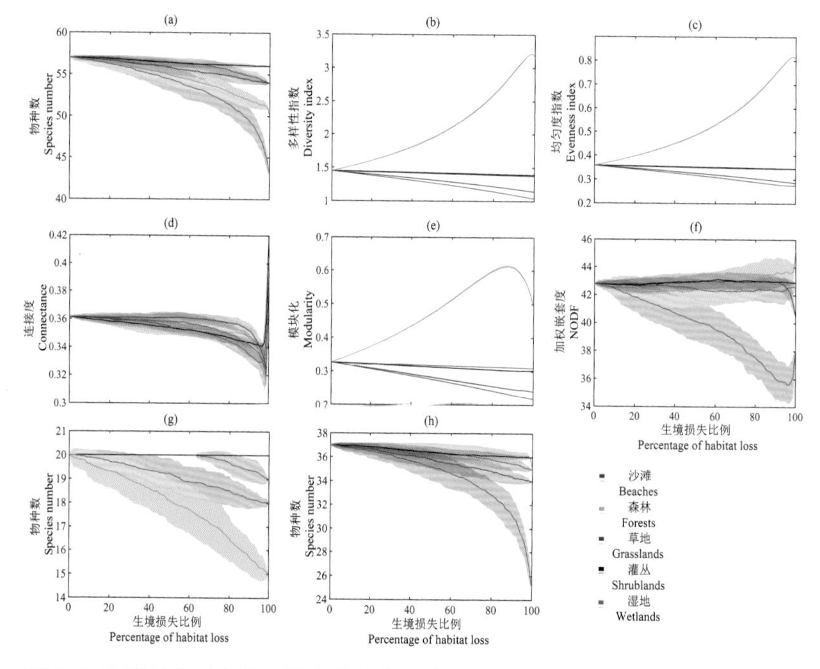

图 3–6 生境丧失对东岛鸟类多样性和“鸟 – 生境”网络结构的影响（Li et al., 2021）

Figure3-6 Effects of presumed habitat loss on the bird diversity and bird–habitat network structure on Dongdao Island

（a）物种数，species number；（b）香农 – 威纳多样性指数，Shannon-Wiener diversity index；（c）Pielou 均匀度指数，Pielou evenness index；（d）连接度，Connectance of the bird–habitat network；（e）模块化，Modularity of the bird–habitat network；（f）加权嵌套度，NODF of the bird–habitat network；（g）留鸟物种数，Species number of resident birds；（h）候鸟物种数，Species number of migrant birds。

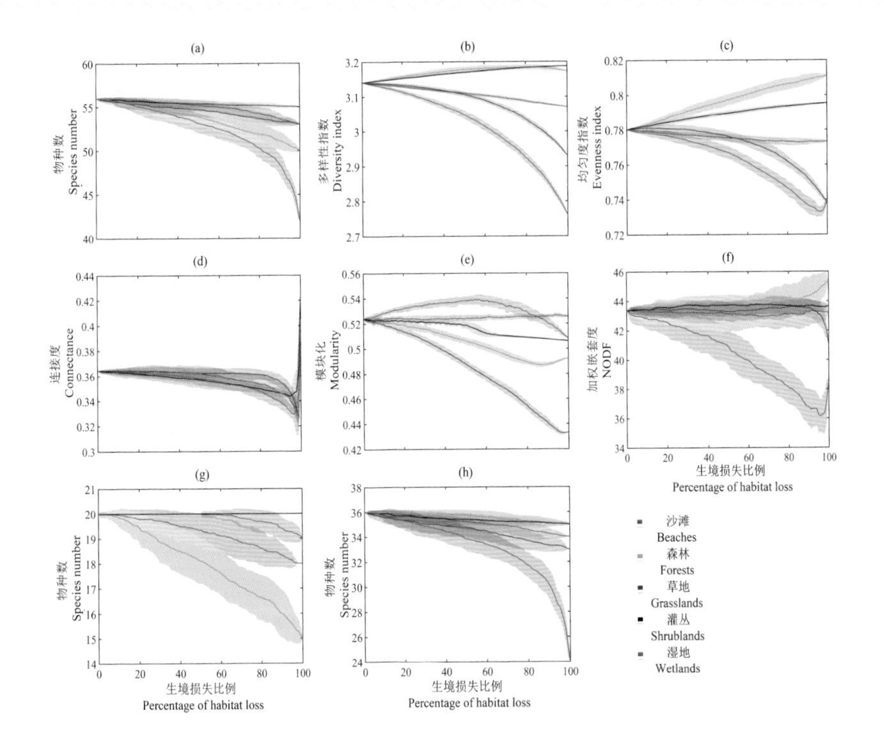

图 3–7 生境丧失对东岛鸟类多样性和“鸟 – 生境”网络结构的影响（不包括除红脚鲣鸟；李映灿 2021）

Figure 3-7 Effects of presumed habitat loss on the bird diversity and bird–habitat network structure on Dongdao Island, when *Sula sula* was excluded

（a）物种数，species number；（b）香农 – 威纳多样性指数，Shannon-Wiener diversity index；
（c）Pielou 均匀度指数，Pielou evenness index；（d）连接度，Connectance of the bird–habitat network；
（e）模块化，Modularity of the bird–habitat network；（f）加权嵌套度，NODF of the bird–habitat network；
（g）留鸟物种数，Species number of resident birds；（h）候鸟物种数，Species number of migrant birds。

根据拓扑分析和网络分析结合的方法对东岛“鸟 – 生境”网络的分析结果，我们发现：半咸水湿地生境的移除使物种数、多样性指数和均匀度指数均最大程度的下降，并大幅降低了网络结构的嵌套度，这意味着生物多样性的严重损失和网络结构的简化。这也说明东岛大量的鸟类，尤其是候鸟对这一半咸水湿地具有高度的依赖性。在东岛这个海洋珊瑚岛中，半咸水湿地生境能够为各种生物类群提供重要的淡水或半咸水资源，并以此维持着独特的植物群落结构并聚集大量的动物，尤其是涉禽类为主的水鸟，并成为候鸟迁飞的重要停歇地（Zedler and Kercher，2005；Barbier et al., 2011）。如在东岛半咸水湿地生境中生长有特殊的海马齿群落（Comm. *Sesuvium portulacastrum*）和羽状穗砖子苗 + 长叶雀稗群落（Comm. *Cyperus javanicus* + *Paspalum longifolium*）等湖沼植物群落，为黑水鸡、小田鸡（*Zapornia pusilla*）等提供了重要的隐蔽栖息地和较丰富的食物资源。因此半咸水湿地作为东岛“鸟 – 生境”网络结构的关键网络中心节点，对网络结构和多样性都有着巨大的影响力，这也意味着此半咸水湿地在维持东岛鸟类多样性方面具有十分重要的意义。

草地的丧失对物种数量和多样性指数影响相对较小，但会导致网络模块化和均匀度大幅下降，说明利用草地（主要是在草地上觅食）的鸟类多数种类也利用其他的生境，草地损失会使很多鸟类的觅食生态位变窄，生境质量下降。东岛的草地生境的植被类群主要为岛中空旷地的大片鲫鱼草 + 羽芒菊 + 马齿苋群落（Comm. *Eragrostis tenella* + *Tridax procumbens* + *Portulaca oleracea*）和分布在海岸高潮线以上的厚藤 + 海刀豆群落（Comm. *Ipomoea pes-caprae* + *Canavalia maritima*），能够为鸟类提供草籽等植物性食物资源和昆虫、蜘蛛等动物性食物资源，但由于缺乏乔木或灌木的遮挡，多数鸟类会同时选择以森林或灌丛作为栖息地。因此草地生境在网络中起到了重要的连接节点作用，它的丧失对物种层面影响较小，但会导致网络结构的严重弱化。

与草地生境相反，移除森林对物种数量影响较大，尤其是留鸟，几乎损失殆尽。但森林的损失反而会增加网络的嵌套度，对模块化的影响也较小。说明森林鸟类通常生境较窄，对森林的依赖性较高。东岛覆盖有大面积的抗风桐群林（Comm. *Ceodes grandis*）和海岸桐群林（Comm. *Guettarda speciosa*）等高大乔木，为包括红隼、鹗（*Pandion haliaetus*）、黑卷尾等的林栖鸟类提供了重要栖息地，但抗风桐、海岸桐等乔木林的林下缺乏草本和灌丛，其本身的果实和花朵等也不能直接被鸟类食用，缺乏食物资源。因此森林在网络中是作为物种中心节点的角色，它的丧失对网络结构影响较小，但会大幅降低物种丰富度或多样性，尤其是降低留鸟的物种数。

灌丛和沙滩的丧失对网络结构和物种多样性都影响较小，利用灌丛和沙滩的鸟类物种数较少，同时这些鸟类也可以利用其他的生境。东岛的灌丛生境植被类型主要为草海桐群落（Comm. *Scaevola sericea*）和银毛树群落（Comm. *Tournefortia argentea*），高度仅为 1.0 ~ 2.5 m，其果实和种子多数不能被鸟类取食，林下植被稀少，昆虫密度低，食物资源相对匮乏。沙滩生境位于东岛外沿，植被稀少，由于空旷的地形而不能作为多数鸟类的栖息地，但潮汐能够为中杓鹬、苍鹭（*Ardea cinerea*）等带来较丰富的鱼类及各种无脊椎动物食物资源，因此保有一定数量的水鸟群落。灌丛、沙滩在东岛“鸟 – 生境”网络中作为边缘节点，对整个生态系统的影响相对较小，它们的损失不会对网络结构或物种多样性造成显著的影响。

不同生境移除对留鸟和候鸟的影响有较大差异。半咸水湿地生境的移除会导致候鸟物种数的明显下降，森林的移除则对留鸟的物种数造成最大影响。说明半咸水湿地主要为候鸟迁飞提供停歇地和中转站，森林为东岛的留鸟提供了栖息地，二者对于鸟类的保护十分重要，也是岛屿生态恢复和保护的优先对象。中国西沙群岛位于东亚—澳大利西亚候鸟迁徙路线（EAAF）上，沿线生境质量对候鸟迁徙具有十分重要的影响，生境丧失也就成为威胁候鸟生存的核心问题之一（Richards and Rriess，2015）。东岛作为西沙群岛中面积较大，原生植被最完善，生境多样性和鸟类物种丰富度最高的岛屿，其生境保护应当受到高度重视。其中半咸水湿地生境作为大量候鸟的重要中转站，它的保护对候鸟的物种丰富度和生态功能具有至关重要的意义；森林不仅是留鸟的主要栖息地，也是国家二级保护动物红脚鲣鸟在西南太平洋地区的最大繁殖种群的繁殖和栖息地（曹垒，2005），在中国东岛乃至整个南海中均具有重要意义。

4 西沙群岛鸟类保护建议

4.1 调查结果

本研究基于对西沙群岛鸟类群落物种多样性、年间及季节变化、“鸟－生境”相互关系的实地调查，构建西沙群岛主要岛屿的鸟类群落结构、“鸟－植物”栖息网络和“鸟－生境”关联网络，探究了岛屿物种－面积关系，与历史上两次鸟类调查结果相比较，再通过多样性分析和网络结构分析，初步探究了西沙群岛鸟类群落种类组成及动态、“鸟－生境”网络。基于网络分析和拓扑分析，评估了不同生境对鸟类群落维持的意义。得到主要结论如下：

（1）西沙群岛鸟类物种丰富度较高，季节间、岛屿间、年间群落结构差异较大，是冬候鸟的重要越冬地和迁徙中转站，具有重要的保护价值。

（2）西沙群岛各岛屿物种丰富度符合岛屿物种－面积关系，但同时还受到岛屿植被景观格局、生境多样性、外来干扰、岛屿隔离程度、取样方法等因素的影响。

（3）西沙群岛鸟类群落季节差异明显，冬候鸟居多，旱季降水量小、蒸发量大，鸟类多样性低。

（4）与历史调查相比，鸟类物种数有所增加，留鸟物种比例上升，但种类差异较大。

（5）西沙群岛鸟类对植物的种子传播很少，多数乔木树种的种子（果实）通过水传播。

（6）东岛半咸水湿地为“鸟－生境”网络的网络中心节点，森林和草地分别为物种中心节点和连接节点，沙滩和灌丛为边缘节点。半咸水湿地对候鸟非常重要，森林则对留鸟，尤其是红脚鲣鸟至关重要。

以上研究结果可为深入了解西沙群岛的鸟类多样性及其保护、热带珊瑚岛生态系统结构与功能状况、健康及可持续维持等提供基础资料和理论基础，有助于解释生境在岛屿生态系统中的作用。

4.2 鸟类保护建议

针对西沙群岛鸟类的保护工作，我们提出以下意见和建议：

4.2.1 建立热带珊瑚岛生态系统保护区，确定优先保护岛屿或区域

在西沙群岛各岛屿中，鸟类分布存在显著差异。建议在西沙群岛建立热带珊瑚岛自然保护区，选择东岛、永兴岛、晋卿岛、琛航岛、珊瑚岛、中建岛等鸟类物种丰富的岛屿作为优先保护岛屿，保护西沙群岛鸟类和珊瑚岛生态系统。在优先保护岛屿中，拆除不必要的人为建筑，限制非必要人为活动，消除和控制污染源，清除家猫、家犬等外来物种，消灭害鼠，设置警示牌，保护和恢复主体植被，同时建立完善的保护地管理机构和规章制度。

4.2.2 保护或构建适合鸟类生活栖息的多样化生境或景观

西沙群岛的鸟类对不同生境存在差异性的选择，如鸟类多栖息在原生的森林、草地、沙滩和半咸水湿地，灌丛和人工植被等对鸟类的吸引力较弱。对于原生森林、草地、沙

滩和半咸水湿地生境作为岛屿重要生态区域进行保护，尽量避免工程建设和人为活动，减少人为因素对它们的破坏和干扰。而对于受人为干扰、外来物种入侵、自然干扰影响而退化的植被或生境，应对其进行恢复或重建。岛礁保护和恢复时考虑生境或景观的多样性，如包括森林、灌丛、草地、湿地、沙滩等多种生境的珊瑚岛生态系统。在保护或恢复抗风桐林、草海桐群落等珊瑚岛天然植被的同时，可以考虑保留一定比例的草地和湿地（如东岛的水塘），以为鸟类及其他动物提供食物及水源。

4.2.3 清除外来天敌和有害动物

除少量猛禽外，西沙群岛的鸟类原本没有天敌，但近年来由于人为活动的增加，外来的家猫、家犬和鼠类对鸟类的生存带来了巨大的影响（曹垒，2005）。对于岛上居民饲养的家猫、家犬，应严格控制其数量，并限制其逃逸至野外；对于野外环境的家猫、家犬和鼠类，应定期捕杀清除或控制其数量。

4.2.4 加强科学研究，建立鸟类资源数据库和系统的监测体系

科学研究是保护的基础。需要加强对西沙群岛鸟类的物种组成、群落结构、生态行为习性、迁徙和移动路线、季节及年间动态、生境质量及变化、影响及致危因素及其在岛屿生态系统中的生态功能、对岛屿特殊环境的适应机理、与植物和其他动物的关系等研究，以探讨西沙群岛鸟类多样性及维持机制，为鸟类及整个西沙群岛生态系统的保护提供基础数据和科学依据。在现有基础上，建立西沙群岛鸟类资源数据库，包括鸟类种类、数量、分布、迁徙或移动路线、生境需求及质量、保护现状及影响因素等。需要在东岛、永兴岛、琛航岛、珊瑚岛、中建岛等面积较大、植被较好、鸟类利用率较高的岛屿及重点区域建立固定的监测点，开展鸟类种类、数量、分布、迁徙及移动路线、生境条件及变化、温度、降水、食物质量等环境因子的系统、长期的监测。重点监测对象为红脚鲣鸟、黑腹军舰鸟等国家重点保护鸟类，鸻鹬类为主的候鸟，暗绿绣眼鸟、红尾伯劳等为代表的留鸟。尤其是红脚鲣鸟，数量巨大且以东岛为其唯一的栖息地，承载着海洋与岛屿间物质转运的重任，对东岛乃至整个南海生态系统的维持均至关重要，需要高度关注。建立系统的监测体系和完善的数据库是做好管理和保护的基础和前提。

4.2.5 完善管理机构，制定保护法规，加强宣传和科普教育

人为的捕杀和捡拾鸟蛋是西沙群岛部分鸟类丧失的重要原因。保护西沙群岛鸟类，需要建立完善管理机构、强化监管职能；制定完善的保护法规，将保护上升到法律的高度；加强科普教育和宣传，提高民众的认知水平、增强保护意识，让社会各行各业都关心、参与西沙群岛的鸟类和生态系统的保护，共同守护祖国南大门的生态红线。

5 鸟类分类及种类介绍

鸟类保护级别术语:

国家重点保护野生动物:

I. 国家一级保护野生动物;
II. 国家二级保护野生动物。

IUCN 红色名录:

世界自然保护联盟濒危物种红色名录(IUCN Red List of Threatened Species)。
根据受威胁程度由高到低依次为:EX，绝灭;EW，野外灭绝;CR，极危;EN，濒危;VU，易危;NT，近危;LC，无危;DD，数据缺乏;NE，未评估。

三有保护鸟类:

国家保护的有重要生态、科学、社会价值的鸟类。

CITES:

濒危野生动植物种国际贸易公约(the Convention on International Trade in Endangered Species of Wild Fauna and Flora)。
附录Ⅰ所有受到和可能受到贸易影响而有灭绝危险的物种;
附录Ⅱ所有虽未濒临灭绝，但如对其贸易不严加管理，就可能变成有灭绝危险的物种;
附录Ⅲ 成员国认为属其管辖范围内，应该进行管理以防止或限制开发利用，而需要其他成员国合作控制的物种。

国生物多样性红色名录(China's Red List of Biodiversity):

根据受威胁状况分为:EX，绝灭;EW，野外灭绝;RE，区域灭绝;CR，极危;EN，濒危;VU，易危;NT，近危;LC，无危;DD，数据缺乏。

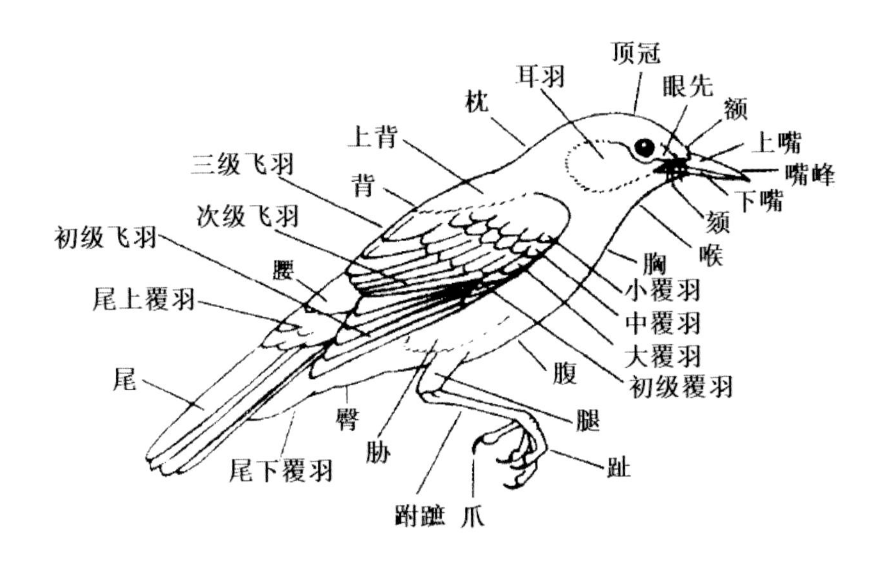

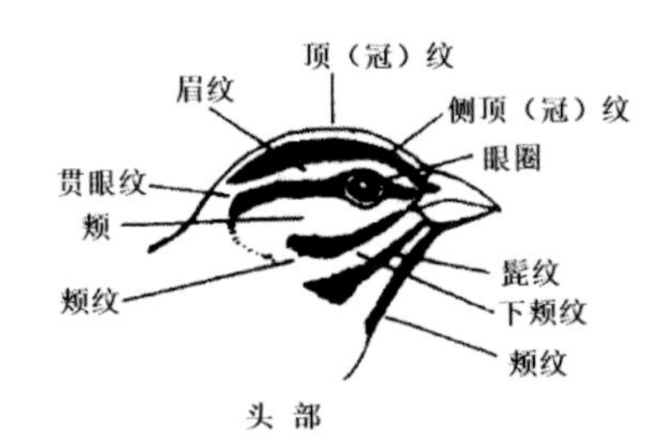

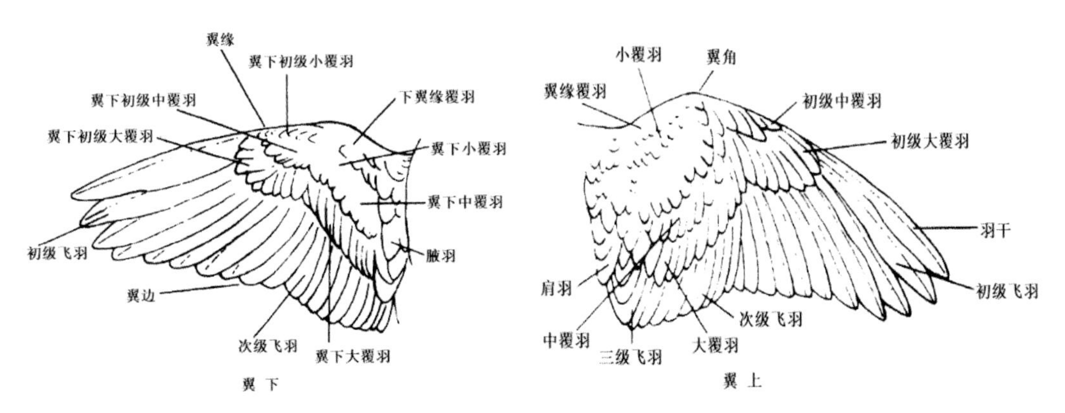

图 5-1 鸟类身体结构（马敬能 等，2000）

雁形目 **Aniseriformes**　　鸭科 **Anatidae**

赤颈鸭

拼　音：Chijingya
英文名：Eurasian Wigeon
学　名：*Mareca penelope*

体重：♂ 16~6200 g，♀ 146~190 g
体长：♂ 351~401 mm，♀ 293~370 mm
鉴别特征：体型中等。雄鸟头栗色带皮黄色冠羽，胸粉红色，两胁有白斑，腹部白色，尾下覆羽黑色，飞行时白色翅羽与深色飞羽及绿色翼镜形成鲜明对照。雌鸟棕褐色或灰褐色，腹白色，飞行时浅灰色的翅覆羽与深色的飞羽形成鲜明对照。虹膜棕色，喙蓝绿色，脚灰色。
习性：除繁殖期外，常成群活动，善游泳和潜水。与其他水鸟混群于湖泊、沼泽、水塘、及河口地带。尤其喜欢在富有水生植物的开阔水域中活动。
分布：古北界。中国广泛分布，繁殖于东北或西北地区，冬季南迁至北纬 35°以南地区越冬。
西沙群岛分布：东岛。
保护现状：三有保护鸟类；IUCN 无危（LC）；《中国生物多样性红色名录》无危（LC）；海南省重点保护鸟类。

鸊鷉目 **Podicipediformes**　　鸊鷉科 **Podicipedidae**

小鸊鷉

拼　音：Xiaopiti
英文名：Little Grebe
学　名：*Tachybaptus ruficollis*

体重：100~200 g
体长：230~290 mm
鉴别特征：体小型，身体短圆，雄性略大于雌性。繁殖期喉部及前颈偏红色，头顶及颈背深灰褐色，喙具明显黄色嘴斑，上体褐色，下体偏灰色；非繁殖期上体灰褐色，下体白色。眼小，虹膜黄色，喙黑色，脚蓝灰色，趾尖浅色。趾具瓣蹼。
习性：常单独或成分散小群活动。善游泳和潜水，潜水觅食，遇惊扰即潜入水中。喜开阔水域和多水生生物的湖泊、沼泽、池塘、水田等。捕食鱼、虾、软体动物及水生昆虫等。
分布：欧亚大陆、非洲、印度、日本、东南亚等。中国全境可见，大部分地区为留鸟。
西沙群岛分布：东岛。
保护现状：三有保护鸟类；IUCN 无危（LC）；《中国生物多样性红色名录》无危（LC）。

鸽形目 Columbiformes 鸠鸽科 Columbidae

山斑鸠

拼　音：Shanbanjiu
英文名：Oriental Turtle Dove
学　名：*Stretopelia orientalis*

体重：♂ 175~323 g，♀ 192~280 g
体长：♂ 300~359 mm，♀ 260~340 mm
鉴别特征：体型中等。雌雄相似。颈侧有带明显黑白色条纹的块状斑；上体大部分呈红褐色，深色扇贝斑纹体羽，羽缘棕色，腰灰色，尾羽近黑色，尾稍具白色端斑，飞行时明显。下体多偏粉色。虹膜黄色，喙铅蓝色，脚粉红色。
习性：常成对或成小群活动，多在林缘、开阔农耕区、村庄及城市园林绿地活动。在地面活动时十分活跃，常小步迅速前进，边走边觅食，头前后摆动。飞翔时两翅鼓动频繁，直而迅速。叫声先扬后抑，略显低沉。
分布：东北亚、印度、喜马拉雅山脉、日本等。中国见于各地。
西沙群岛分布：东岛、永兴岛、晋卿岛。
保护现状：三有保护鸟类；IUCN 无危（LC）；《中国生物多样性红色名录》无危（LC）；海南省重点保护鸟类。

鸽形目 **Columbiformes**　鸠鸽科 **Columbidae**

火斑鸠

拼　音：Huobanjiu
英文名：Red Turtle Dove
学　名：*Streptopelia tranquebarica*

体重：82~135 g

体长：200~230 mm

鉴别特征：体型小，酒红色。颈部黑色半领圈前端白色。雄鸟头和颈部蓝灰色，下体偏粉色，翼覆羽棕黄；初级飞羽近黑色，尾羽青灰色，羽缘及外侧尾端白色。雌鸟色较浅且暗，领环较细窄，外缘有白边；上体灰黑色，下体较浅，头暗棕色。 虹膜褐色，喙灰色，脚红色。

习性：常成对或成群活动，有时亦与山斑鸿和珠颈斑鸠混群。喜欢栖息于电线上或高大的枯枝上。飞行甚快，常发出“呼呼”的振翅声。

分布：印度、喜马拉雅山脉、东南亚。中国除新疆外，见于各地。

西沙群岛分布：中建岛。

保护现状：三有保护鸟类；IUCN 无危（LC）；《中国生物多样性红色名录》无危（LC）；海南省重点保护鸟类。

鸽形目 **Columbiformes** 鸠鸽科 **Columbidae**

珠颈斑鸠

拼 音：Zhujingbanjiu
英文名：Spotted Dove
学 名：*Streptopelia chinenesis*

体重：♂ 120~200 g，♀ 120~205 g
体长：♂ 275~340 mm，♀ 272~330 mm
鉴别特征：体型中等，粉褐色。头灰色，上体暗褐色，下体粉红色；尾略显长，外侧尾羽黑褐色，末端白色，飞行时明显；飞羽较体羽色深；颈部两侧为黑色，密布白色点斑，似珍珠散落在颈部。虹膜橘黄色，喙黑色，脚红色。
习性：常成对或成小群活动。地面取食，取食草籽、昆虫、种子及饭粒等。栖息于村舍、农田、城市园林绿地等。行动闲散缓慢、飞行速度较慢；叫声多由四个音节组成，先抑后扬，声音响亮。
分布：东南亚。中国见于华中、西南、华南及华东各地。
西沙群岛分布：东岛、永兴岛。
保护现状：三有保护鸟类；IUCN 无危（LC）；《中国生物多样性红色名录》无危（LC）；海南省重点保护鸟类。

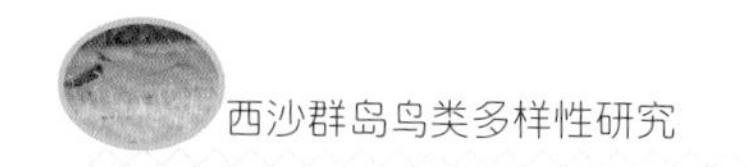

鹃形目 **Cuculiformes** 杜鹃科 **Cuculidae**

小鸦鹃

拼　音：Xiaoyajuan
英文名：Lesser Coucal
学　名：*Centropus bengalensis*

体重：♂ 85~140 g，♀ 105~167 g
体长：♂ 301~380 mm，♀ 332~398 mm
鉴别特征：头、颈、上背及下体黑色，具深蓝色光泽和亮黑色羽干纹；下背和尾上覆羽淡黑色且具蓝色光泽；黑色长尾具绿色金属光泽和窄的白色尖端；肩、肩内侧和两翅栗色。亚成鸟具褐色条纹。虹膜红色，喙黑色，脚黑色。
习性：常单独或成对活动。性机智而善隐蔽，喜山边灌木丛、沼泽地带芦苇丛及开阔的草地。常栖于灌木丛或地面，作短距离的飞行。
分布：印度、东南亚。中国淮河以南各地。
西沙群岛分布：珊瑚岛。
保护现状：国家二级保护动物；IUCN 无危（LC）；《中国生物多样性红色名录》无危（LC）。

鹃形目 **Cuculiformes** 杜鹃科 **Cuculidae**

噪鹃

拼　音：Zaojuan
英文名：Common Koel
学　名：*Eudynamys scolopaceus*

体重：♂ 175~242 g，♀ 190~240 g
体长：♂ 370~430 mm，♀ 380~427 mm
鉴别特征：雄鸟通体蓝黑色，具蓝色光泽，下体沾绿色。雌鸟上体暗褐色，略具金属绿色光泽，满布白色小斑点，头部斑点常呈纵纹排列；背、翅上覆羽及飞羽，以及尾羽常呈横斑状排列；颏至上胸黑色，被白色斑点；其余下体具黑色横斑。虹膜红色，喙浅绿色，脚蓝灰色。
习性：多单独活动，栖息于山地、丘陵、山脚平原地带林木茂盛的地方，稠密的红树林、次生林、森林、园林及人工林中。常隐蔽于树冠层茂盛的枝叶丛中，叫声响亮。借乌鸦、卷尾及黄鹂等的巢产卵。
分布：印度、东南亚。中国见于淮河以南地区。
西沙群岛分布：永兴岛、晋卿岛、琛航岛、珊瑚岛、甘泉岛。
保护现状：三有保护鸟类；IUCN 无危（LC）；《中国生物多样性红色名录》无危（LC）。

鹃形目 **Cuculiformes** 杜鹃科 **Cuculidae**

八声杜鹃

拼　音：Bashengdujuan
英文名：Plaintive Cuckoo
学　名：*Cacomantis merulinus*

体重：♂ 23~32 g，♀ 31~35 g
体长：♂ 210~241 mm，♀ 210~234 mm
鉴别特征：成鸟头灰色，背及尾褐色，胸腹橙褐色。亚成鸟上体褐色而具黑色横斑，下体偏白且多横斑。虹膜红褐色，上喙黑色，下喙黄色，脚黄色。
习性：单独或成对活动，性较其他杜鹃活跃。喜开阔林地、次生林及农耕区，包括城镇村庄。隐蔽于林间。
分布：印度东部、及东南亚地区。中国见于长江流域及以南区域。
西沙群岛分布：中建岛。
保护现状：三有保护鸟类；IUCN 无危（LC）；《中国生物多样性红色名录》无危（LC）。

鹃形目 **Cuculiformes** 杜鹃科 **Cuculidae**

大鹰鹃

拼　音：Dayingjuan
英文名：Large Hawk Cuckoo
学　名：*Hierococcyx sparverioides*

体重：♂ 135~168 g，♀ 130~160 g
体长：♂ 353~405 mm，♀ 363~415 mm
鉴别特征：灰褐色鹰样杜鹃。尾部次端斑棕红色，尾端白色；胸棕色，具暗灰色斑纹；腹部具白色及褐色横斑，略显棕色；颏黑色。亚成鸟上体褐色带棕色横斑，下体皮黄色具黑色纵纹。虹膜橘黄色，上喙黑色，下喙黄绿色，脚浅黄色。
习性：有巢寄生习性。多栖息于山林、山旁平原、冬天常到平原地带。叫声响亮。
分布：喜马拉雅山脉、东南亚等。中国见于西藏南部及横断山区以东，秦岭淮河以南的广大地区。
西沙群岛分布：东岛。
保护现状：三有保护鸟类；IUCN 无危（LC）；《中国生物多样性红色名录》无危（LC）。

鹤形目 **Gruiformes** 秧鸡科 **Rallidae**

普通秧鸡

拼　音：Putongyangji
英文名：Brown-cheeked Rail
学　名：*Rallus indicus*

体重：♂ 85~195 g，♀ 92~115 g
体长：♂ 254~290 mm，♀ 228~295 mm
鉴别特征：上体橄榄褐色并有黑色纵纹，额、头顶至后颈黑褐色，脸灰色，眉纹灰白色而眼线深灰色，颏白色，颈及胸灰色；下体多灰色，两肋具黑白色横斑。亚成鸟翼上覆羽具不明晰的白斑。虹膜红色，喙红色至黑色，脚红色。
习性：常单独行动，性羞怯，见人迅速逃匿。栖息于沼泽、水塘、河流、湖泊等水域岸边及其附近灌丛、草地、沼泽、林缘及水稻田。
分布：古北界，迁徙至东南亚及加里曼丹。中国见于各地。
西沙群岛分布：东岛。
保护现状：三有保护鸟类；IUCN 无危（LC）；《中国生物多样性红色名录》无危（LC）；海南省重点保护鸟类。

鹤形目 **Gruiformes** 秧鸡科 **Rallidae**

小田鸡

拼　音：Xiaotianji
英文名：Baillon's Crake
学　名：*Zapornia pusilla*

体重：♂ 33~50 g，♀ 42~45 g
体长：♂ 150~190 mm，♀ 175~182 mm
鉴别特征：眼红色并具有褐色过眼线，喙短，背部具白色纵纹，两胁及尾下具白色细横纹。雄鸟头顶及上体红褐色，具黑白色纵纹；胸及脸灰色；雌鸟色暗，耳羽褐色。幼鸟颏偏白色，上体具圆圈状白色点斑。虹膜红色，喙偏绿色，脚黄绿色。
习性：常单独活动，性胆怯，受惊即迅速窜逃。快速而轻巧地穿行于芦苇中，极少飞行。栖于沼泽型湖泊及多草的沼泽地带。
分布：北非、欧亚大陆、印度尼西亚及菲律宾群岛、澳大利亚等。中国见于东北、河北、陕西、河南及新疆喀什地区，迁徙时经中国大多数地区。
西沙群岛分布：东岛。
保护现状：三有保护鸟类；IUCN 无危（LC）；《中国生物多样性红色名录》无危（LC）；海南省重点保护鸟类。

鹤形目 **Gruiformes**　秧鸡科 **Rallidae**

白胸苦恶鸟

拼　音：Baixiong kueniao
英文名：White-breasted Waterhen
学　名：*Amanurornis phoenicurus*

体重：♂ 175~258 g，♀ 163~251 g
体长：♂ 280~346 mm，♀ 267~323 mm
鉴别特征：头顶及上体灰色，两颊、喉至胸、腹均为白色，与上体形成黑白分明的对照。下腹及尾下棕色，似三角形。虹膜红色，喙偏绿色，喙基红色，脚黄色。
习性：常单独或成对活动，偶尔集成小群。性机警、善隐蔽，善步行、奔跑及涉水、飞行。栖息于芦苇或杂草丰盛的沼泽地和有灌木的高草丛、竹丛、湿灌木、水稻田，以及河流、湖泊和池塘边。
分布：东南亚。中国见于西南和华东地区。
西沙群岛分布：东岛、永兴岛、珊瑚岛。
保护现状：三有保护鸟类；IUCN 无危（LC）；《中国生物多样性红色名录》无危（LC）；海南省重点保护鸟类。

鹤形目 **Gruiformes** 秧鸡科 **Rallidae**

黑水鸡

拼　音：Heishuiji
英文名：Common Moorhen
学　名：*Gallinula chloropus*

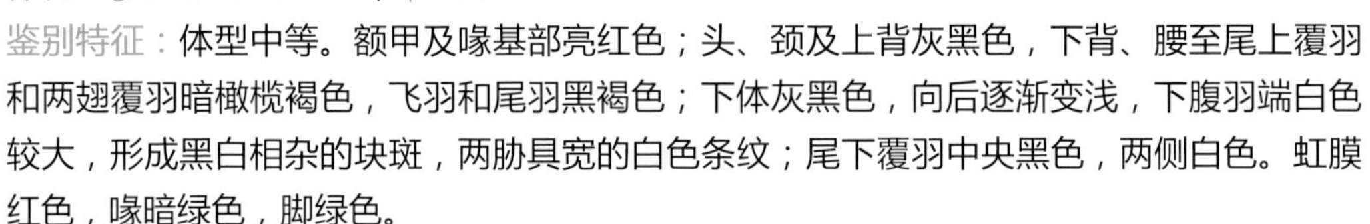

体重：♂ 200~340 g，♀ 141~400 g
体长：♂ 240~345 mm，♀ 250~325 mm
鉴别特征：体型中等。额甲及喙基部亮红色；头、颈及上背灰黑色，下背、腰至尾上覆羽和两翅覆羽暗橄榄褐色，飞羽和尾羽黑褐色；下体灰黑色，向后逐渐变浅，下腹羽端白色较大，形成黑白相杂的块斑，两胁具宽的白色条纹；尾下覆羽中央黑色，两侧白色。虹膜红色，喙暗绿色，脚绿色。
习性：常成对或成小群活动。善游泳，喜临近芦苇和水草边的开阔深水面。栖息于富有芦苇和挺水植物的淡水湿地、沼泽、湖泊、水库、苇塘、水渠和稻田中。
分布： 除大洋洲外，见于世界各地。中国见于各地。
西沙群岛分布：东岛、永兴岛。
保护现状：三有保护鸟类；IUCN 无危（LC）；《中国生物多样性红色名录》无危（LC）；海南省重点保护鸟类。

鸻形目 **Charadriiformes** 反嘴鹬科 **Recurvirostridae**

黑翅长脚鹬

拼　音：Heichichangjiaoyu
英文名：Black-winged Stilt
拉丁名：*Himantopus himantopus*

体重：♂ 166~200 g，♀ 146~190 g
体长：♂ 351~401 mm，♀ 293~370 mm
鉴别特征：喙细长，翅尖长、黑色，腿极长、淡红色，体羽白色。雄鸟繁殖期颈背有黑色斑块，背部暗绿色有光泽，身体余部白色。雌鸟基本与雄鸟相似，但颜色较为暗淡。幼鸟褐色较浓，头顶及颈背沾灰色。虹膜粉红色，喙黑色，腿及脚淡红色。
习性：常单独、成对或成小群在浅水中或沼泽地上活动。性胆小而机警。喜沿海浅水及淡水沼泽地。
分布：东南亚。迁徙时见于中国各地，主要在新疆西部、青海东部及内蒙古西北部繁殖，于台湾、广东及香港越冬。
西沙群岛分布：东岛、永兴岛、中建岛、珊瑚岛、金银岛。
保护现状：三有保护鸟类；IUCN 无危（LC）；《中国生物多样性红色名录》无危（LC）；海南省重点保护鸟类。

鸻形目 **Charadriiformes** 鸻科 **Charadriidae**

凤头麦鸡

拼　音：Fengtoumaiji
英文名：Northern Lapwing
学　名：*Vanellus vanellus*

体重：♂ 180~265 g，♀ 180~275 g
体长：♂ 305~335 mm，♀ 290~333 mm
鉴别特征：具长窄的黑色反翻型凤头。头顶色深，耳羽黑色，头侧及喉部污白色；上体具墨绿色金属光泽，具宽阔的黑色胸带；下体及尾部白色，具宽的黑色次端带。飞行时翅膀宽阔，翅下黑白对比明显。虹膜褐色；喙近黑色，腿及脚橙褐色。
习性：单独或成群活动，冬季常集成数十至数百只的大群。栖息于低山丘陵、山脚平原和草原地带的湖泊、水塘、沼泽、溪流和农田地带。
分布：古北界，冬季南迁至印度及东南亚的北部。中国见于各地，繁殖于北方大部分地区，越冬于长江流域以南地区。
西沙群岛分布：东岛。
保护现状：三有保护鸟类；IUCN 近危（NT）；《中国生物多样性红色名录》无危（LC）；海南省重点保护鸟类。

鸻形目 **Charadriiformes** 鸻科 **Charadriidae**

剑鸻

拼　音：Jianheng
英文名：Common Ringed Plover
学　名：*Charadrius hiaticula*

体重：♂ 57~77 g，♀ 60~81 g
体长：♂ 184~232 mm，♀ 185~242 mm
鉴别特征：额基及颈圈白色显著，后颈形成白色环带，外接黑色环带；胸带以下、腹部、两胁、尾下白色；头顶、三级飞羽、翼上覆羽、尾上覆羽为灰褐色；腿橘黄色。飞行时翼上具明显白色横纹。虹膜褐色，喙黑色，喙基黄色，脚黄色。
习性：单独或成小群活动。栖于海滨、岛屿、河滩、湖泊、池塘、沼泽、水田、盐湖等湿地之中。
分布：繁殖于加拿大、格陵兰岛及古北界的北极区，冬季南移至南欧、非洲及中东。中国见于东北、华北、华南部分地区。
西沙群岛分布：东岛、中建岛。
保护现状：三有保护鸟类；IUCN 无危（LC）；《中国生物多样性红色名录》无危（LC）；海南省重点保护鸟类。

鸻形目 **Charadriiformes** 鸻科 **Charadriidae**

金眶鸻

拼　音：Jinkuangheng
英文名：Little Ringed Plover
学　名：*Charadrius dubius*

体重：♂ 30~38 g，♀ 28~48 g
体长：♂ 153~183 mm，♀ 153~183 mm
鉴别特征：体型小的黑色、灰色及白色鸻。额基具黑纹，并经眼先和眼周延伸至耳羽形成黑色过眼纹，头顶前部黑色，头顶后部和枕灰褐色；眼眶金色，前额、眉纹白色；具完整的黑色领环，上体棕褐色，下体白色。幼鸟或成鸟冬羽色淡且眼眶金色不明显。虹膜褐色，喙灰色，腿黄色。
习性：常单只或成对活动，偶尔集小群。活动时快速行走觅食。栖息于开阔平原和低山丘陵地带的湖泊、河岸、沿海海滨、河口沙洲以及附近盐田和沼泽地带。
分布：北非、古北界、东南亚、新几内亚岛。中国繁殖于华北、华中、东南、西南及西藏地区，迁移途经东部地区，越冬于云南、海南、广东、福建及台湾。
西沙群岛分布：琛航岛。
保护现状：三有保护鸟类；IUCN 无危（LC）；《中国生物多样性红色名录》无危（LC）；海南省重点保护鸟类。

鸻形目 Charadriiformes 鸻科 Charadriidae

东方鸻

拼　音：Dongfangheng
英文名：Oriental Plover
学　名：*Charadrius veredus*

体重：80~95 g
体长：220~255 mm
鉴别特征：体型中等的褐色或白色鸻。喙短。冬羽具宽阔棕色胸带，脸偏白色，上体褐色，无翅上横纹；夏羽头、颈部淡黄褐色，逐渐过渡至胸部为栗红色宽带，其下缘有一明显黑色环带。亚成鸟上体灰褐色，具灰白色或米黄色的鳞状斑，胸部色带不明显。虹膜淡褐色，喙橄榄棕色，腿黄色至偏粉色。
习性：常单独和成小群活动，迁徙和冬季亦集成大群。性机警。喜在草地、河流两岸及沼泽地带觅食。
分布：繁殖于蒙古国，越冬于马来西亚及澳大利亚。中国繁殖于内蒙古东部及辽宁，迁徙经中国东部地区。
西沙群岛分布：东岛。
保护现状：三有保护鸟类；IUCN 无危（LC）；《中国生物多样性红色名录》无危（LC）；海南省重点保护鸟类。

鸻形目 **Charadriiformes** 鸻科 **Charadriidae**

金鸻

拼　音：Jinheng
英文名：Pacific Golden Plover
学　名：*Pluvialis fulva*

体重：♂ 100~137 g，♀ 98~140 g
体长：♂ 230~252 mm，♀ 235~252 mm
鉴别特征：体型中等的健壮涉禽。头大，喙短厚。繁殖期颊、喉、颈及腹部均黑色，白色额基向两侧与眉纹相连，背部黑褐色，并杂有金黄色和浅棕白色斑点。非繁殖期颊、喉、胸黄色，杂有浅灰色斑纹，下体灰黄色。亚成鸟全身黄色，但颈、胸、腹部具黑褐色细横纹。虹膜褐色，喙黑色，腿灰色。
习性：单独或成群活动，性胆怯。栖于沿海滩涂、沙滩、开阔多草地区、草地及机场。
分布：繁殖于俄罗斯北部、西伯利亚北部及阿拉斯加州西北部，越冬于非洲东部、印度、东南亚、澳大利亚、新西兰及太平洋岛屿。中国见于各地。
西沙群岛分布：东岛、永兴岛、中建岛、珊瑚岛。
保护现状：三有保护鸟类；IUCN 无危（LC）；《中国生物多样性红色名录》无危（LC）；海南省重点保护鸟类。

鸻形目 **Charadriiformes** 鸻科 **Charadriidae**

灰鸻

拼　音：Huiheng
英文名：Grey Plover
学　名：*Pluvialis squatarola*

体重：♂ 228~230 g，♀ 175~215 g
体长：♂ 276~300 mm，♀ 272~292 mm
鉴别特征：体型中等的健壮涉禽。喙短厚，头及喙较大，上体褐灰色，下体近白色，飞行时白翅斑明显，黑色腋羽与白色下翼基部成黑色块斑。繁殖期雄鸟下体黑色，上体多银灰色，尾下白色；非繁殖期腹部灰白色，具纵纹。虹膜褐色，喙黑色，腿灰色。
习性：成小群活动。栖息于海滨、岛屿、河滩、湖泊、池塘、沼泽、水田、盐湖等湿地。
分布：繁殖于全北界北部，越冬于热带及亚热带沿海地区。中国迁徙途径东北、华东及华中，越冬于华南、海南、台湾和长江下游河口地带。
西沙群岛分布：东岛。
保护现状：三有保护鸟类；IUCN 无危（LC）；《中国生物多样性红色名录》无危（LC）；海南省重点保护鸟类。

鸻形目 **Charadriiformes** 鸻科 **Charadriidae**

环颈鸻

拼　音：Huanjingheng
英文名：Kentish Plover
学　名：*Charadrius alexandrinus*

体重：♂ 45~62 g，♀ 44~63 g
体长：♂ 177~200 mm，♀ 178~190 mm
鉴别特征：体小而喙短的褐色及白色鸻。头大颈短，浅色眉纹与白色前额贯通；腿黑色，无明显黄色眼圈。飞行时翼上有白色横纹，尾羽外侧白色。雄鸟胸侧具黑色斑块，雌鸟胸侧具褐色或灰褐色斑块。虹膜褐色，喙黑色，腿黑色。
习性：单独或成小群进食，常与其他涉禽混群于海滩或近海岸的多沙草地，栖息于海滨、岛屿、河滩、湖泊、池塘、沼泽、水田、盐湖等湿地。
分布：美洲、非洲及古北界的南部。中国华东、华中、华南地区可见。
西沙群岛分布：东岛。
保护现状：三有保护鸟类；IUCN 无危（LC）；《中国生物多样性红色名录》无危（LC）；海南省重点保护鸟类。

鸻形目 **Charadriiformes** 鸻科 **Charadriidae**

铁嘴沙鸻

拼　音：Tiezuishaheng
英文名：Greater Sand Plover
学　名：*Charadrius leschenaultii*

体重：♂ 58~86 g，♀ 55~85 g
体长：♂ 195~227 mm，♀ 191~220 mm
鉴别特征：体型中等的灰色、褐色及白色鸻。喙短较厚，前额白色，脸具黑色斑纹，胸部具棕色横纹；上体多灰褐色，下体多白色。虹膜褐色，喙黑色，腿及脚黄灰色。
习性：常成小群活动。喜沿海及河口泥滩及沙滩，与其他涉禽混群。
分布：繁殖于中东、中亚、蒙古国，越冬于非洲、印度、东南亚及澳大利亚。中国繁殖于新疆、内蒙古国，迁徙经中国全境，越冬于台湾、广东、海南等。
西沙群岛分布：东岛、永兴岛、琛航岛、银屿、鸭公岛。
保护现状：三有保护鸟类；IUCN 无危（LC）；《中国生物多样性红色名录》无危（LC）；海南省重点保护鸟类。

鸻形目 **Charadriiformes** 鹬科 **Scolopacidae**

丘鹬

拼　音：Qiuyu
英文名：Eurasian Woodcock
学　名：*Scolopax rusticola*

体重：♂ 237~336 g，♀ 205~308 g
体长：♂ 340~415 mm，♀ 320~375 mm
鉴别特征：体大而肥胖的涉禽。腿短，喙长且直。两眼位于头侧后上方。头灰褐色，头顶至枕后有 3~4 块暗色横斑；上体锈红色，杂有黑色、灰白色及灰褐色横斑和斑纹；下体灰白色，略沾棕色，密布黑褐色细横斑。虹膜褐色，喙基部偏粉色，端部黑色，脚粉灰色。
习性：常单独活动。白天常隐伏于林灌从，夜晚和黄昏在湖畔、河边、稻田和沼泽地等觅食。
分布：古北界，于东南亚为候鸟。中国繁殖于黑龙江北部、新疆西北部、四川及甘肃南部，迁徙时经中国的大部分地区，越冬于中国南方地区。
西沙群岛分布：东岛。
保护现状：三有保护鸟类；IUCN 无危（LC）；《中国生物多样性红色名录》无危（LC）；海南省重点保护鸟类。

鸻形目 **Charadriiformes** 鹬科 **Scolopacidae**

扇尾沙锥

拼　音：Shanweishazhui
英文名：Common Snipe
学　名：*Gallinago gallinago*

体重：♂ 75~189 g，♀ 88~155 g
体长：♂ 248~298 mm，♀ 254~290 mm
鉴别特征：体型中等。两翼尖长，喙长。脸皮黄色，眼部上下条纹及贯眼纹色深；上体深褐色，杂有黑色、白色及棕色横斑和纵纹；下体淡皮黄色具褐色纵纹。飞行时次级飞羽的白色羽缘明显可见，翅下形成明显的白色亮区。虹膜褐色，喙褐色，脚橄榄色。
习性：常单独或成小群活动。栖于沼泽、稻田，常隐蔽于芦苇草丛，惊飞时起伏飞行，并发出警叫声。
分布：繁殖于古北界，南迁至非洲、印度及东南亚越冬。中国繁殖于东北及西北地区，迁徙时大部地区可见，越冬于西藏南部、云南及华南地区。
西沙群岛分布：东岛。
保护现状：三有保护鸟类；IUCN 无危（LC）；《中国生物多样性红色名录》无危（LC）；海南省重点保护鸟类。

鸻形目 **Charadriiformes** 鹬科 **Scolopacidae**

中杓鹬

拼　音：Zhongshaoyu
英文名：Whimbrel
学　名：*Numenius phaeopus*

体重：♂ 315~355 g，♀ 320~475 g
体长：♂ 400~430 mm，♀ 384~455 mm
鉴别特征：体型中等。喙长而下弯。头部暗褐色，具黑色顶纹、白色眉纹和灰褐色贯眼纹；上体黑褐色，杂有黄色或白色斑纹；下背和腰白色，下体污白色，胸部多黑褐色纵纹，体侧具粗横纹。虹膜褐色，喙黑色，脚蓝灰色。
习性：单独或小群活动，常与其他涉禽混群。喜沿海泥滩、河口、草地、沼泽及岩石海滩等。
分布：繁殖于欧洲北部及亚洲，南迁至东南亚、澳大利亚及新西兰越冬。中国迁徙时中、东部地区可见，部分在台湾、广东、海南等越冬。
西沙群岛分布：东岛、永兴岛、晋卿岛、赵述岛、琛航岛、羚羊礁、甘泉岛、全富岛。
保护现状：三有保护鸟类；IUCN 无危（LC）；《中国生物多样性红色名录》无危（LC）；海南省重点保护鸟类。

鸻形目 **Charadriiformes** 鹬科 **Scolopacidae**

鹤鹬

拼 音：Heyu
英文名：Spotted Redshank
学 名：*Tringa erythropus*

体重：♂ 114~155 g，♀ 140~205 g
体长：♂ 260~321 mm，♀ 266~325 mm
鉴别特征：体型中等。喙长而直。繁殖期全身黑色，具明显白色眼圈，肩及两翅具白色细横纹；非繁殖期头至上背灰褐色，具明显白色眉纹，下体灰白色，尾下覆羽白色。飞行时可见翅下为纯白色，脚伸出尾后较长。虹膜褐色，喙黑色，喙基红色，脚橘黄色。
习性：常单独或成分散的小群活动，喜鱼塘、河口海岸滩涂、沼泽及农田地带。
分布：繁殖于欧洲，迁至非洲及东南亚越冬。中国迁徙时常见于大部分地区，越冬于南方各地、海南岛及台湾。
西沙群岛分布：永兴岛。
保护现状：三有保护鸟类；IUCN 无危（LC）；《中国生物多样性红色名录》无危（LC）；海南省重点保护鸟类。

鸻形目 **Charadriiformes** 鹬科 **Scolopacidae**

泽鹬

拼　音 : Zeyu
英文名 : Marsh Sandpiper
拉丁名 : *Tringa stagnatilis*

体重：♂ 58~102 g，♀ 55~120 g
体长：♂ 197~255 mm，♀ 197~254 mm
鉴别特征：体型中等纤细。额白色，眉纹色浅，喙细而尖直。两翼及尾近黑色；上体灰褐色，杂有黑色斑，腰及下背白色，下体白色。虹膜褐色，喙黑色，脚偏绿色。
习性：通常单独或三两成群活动，冬季可结成大群。性机警。喜湖泊、盐田、河流、沼泽地、池塘及沿海滩涂。
分布：繁殖于古北界，冬季迁至非洲、南亚、东南亚、澳大利亚和新西兰等。中国繁殖于内蒙古东北部，迁徙经过华东沿海、海南岛及台湾。
西沙群岛分布：东岛。
保护现状：三有保护鸟类；IUCN 无危（LC）；《中国生物多样性红色名录》无危（LC）；海南省重点保护鸟类。

鸻形目 **Charadriiformes** 鹬科 **Scolopacidae**

青脚鹬

拼　音：Qingjiaoyu
英文名：Common Greenshank
学　名：*Tringa nebularia*

体重：♂ 128~350 g，♀ 160~205 g
体长：♂ 298~342 mm，♀ 291~344 mm
鉴别特征：体型中等。腿修长近绿色，喙长而粗，略向上翘。繁殖期头、颈密布黑褐色与白色相杂纵纹，背部灰褐色，羽缘白色带黑色次端斑，胸、两胁具黑褐色细纹；非繁殖期上体灰褐色，头颈部具细纵纹。飞行时背部白色长条斑明显，中央尾羽具暗褐色波形斑。虹膜褐色，喙基部灰色，端部黑色，脚黄绿色。
习性：常单独、成对或成小群活动，多在水边或浅水处觅食。喜沼泽、河口滩涂、河滩等。
分布：繁殖于古北界，越冬于非洲南部、东南亚及澳大利亚。中国迁徙时见于大部分地区，越冬于西藏南部及长江以南地区。
西沙群岛分布：东岛。
保护现状：三有保护鸟类；IUCN 无危（LC）；《中国生物多样性红色名录》无危（LC）；海南省重点保护鸟类。

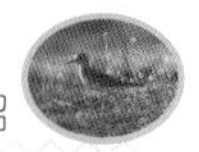

鸻形目 Charadriiformes 鹬科 Scolopacidae

灰尾漂鹬

拼　音：Huiweipiaoyu
英文名：Gray-tailed Tattler
学　名：*Tringa brevipes*

体重：75~172 g

体长：250~280 mm

鉴别特征：体型中等。喙粗直，具黑色贯眼纹和白色眉纹，腿短，显体矮小。耳羽、颊、颈侧具暗灰色细纹，颏近白色；上体灰色，胸胁具"V"型暗灰斑，腹白色，腰具横斑。飞行时翼下色深。虹膜褐色，喙黑色，脚近黄色。

习性：通常单独或成小群活动，少与其他种混群。奔走时身体蹲下尾部高高翘起。喜多岩沙滩、珊瑚礁海岸及沙质或卵石海滩。

分布：繁殖于西伯利亚，冬季迁至马来西亚、澳大利亚及新西兰。中国迁徙时华东地区可见，部分在台湾及海南岛越冬。

西沙群岛分布：东岛、永兴岛、中建岛、晋卿岛、羚羊礁、金银岛、甘泉岛。

保护现状：三有保护鸟类；IUCN 等级：近危（NT）；《中国生物多样性红色名录》无危（LC）；海南省重点保护鸟类。

鸻形目 **Charadriiformes** 鹬科 **Scolopacidae**

翘嘴鹬

拼　音：Qiaozuiyu
英文名：Terek Sandpiper
学　名：*Xenus cinereus*

体重：63~109 g
体长：220~250 mm
鉴别特征：体型中等。喙长而明显上翘，腿短，身体显低矮。具暗白色半截眉纹；上体灰褐色，初级飞羽黑色，繁殖期肩羽具黑色条纹；下体白色，胸部具纤细黑褐色纵纹。飞行时翼上狭窄白色内缘明显。虹膜褐色，喙黑色，喙基黄色，脚橘黄色。
习性：常单独或成小群活动，与其他涉禽混群。喜沿海泥滩、河口沙滩及泥地、河滩等。
分布：繁殖于欧亚大陆北部，冬季迁至东南亚、南亚、澳大利亚和新西兰。中国迁徙时常见于华东沿海地区，可在广东、海南等越冬。
西沙群岛分布：永兴岛。
保护现状：三有保护鸟类；IUCN 无危（LC）；《中国生物多样性红色名录》无危（LC）；海南省重点保护鸟类。

鸻形目 **Charadriiformes** 鹬科 **Scolopacidae**

矶鹬

拼　音：Jiyu
英文名：Common Sandpiper
学　名：*Actitis hypoleucos*

体重：♂ 41~59 g，♀ 40~61 g
体长：♂ 160~200 mm，♀ 183~214 mm
鉴别特征：体型略小。喙短，停歇时翅长不及尾端。上体褐色，具纤细黑色羽干纹，背、肩及三级飞羽近端部具黑褐色横斑；下体白色，胸侧具褐灰色斑块，白色胸腹与白色翅角前缘相连。飞行时翼上具白色横纹；翼下具黑色及白色横纹。虹膜褐色，喙深灰色，脚浅橄榄绿色。
习性：常单独或成对活动，非繁殖期亦成小群。行走时头不停地点动，并具两翼僵直滑翔的特殊姿势。栖于江河沿岸、湖泊、水库、水塘岸边、海岸、河口和附近沼泽湿地。
分布：繁殖于古北界及喜马拉雅山脉，冬季迁至非洲、南亚次大陆、东南亚及澳大利亚。中国繁殖于西北及东北地区，冬季迁徙至长江流域以南地区。
西沙群岛分布：东岛、永兴岛、中建岛、晋卿岛、琛航岛、羚羊礁、金银岛、银屿、鸭公岛。
保护现状：三有保护鸟类；IUCN 无危（LC）；《中国生物多样性红色名录》无危（LC）；海南省重点保护鸟类。

鸻形目 **Charadriiformes** 鹬科 **Scolopacidae**

翻石鹬

拼　音：Fanshiyu
英文名：Ruddy Turnstone
学　名：*Arenaria interpres*

体重：♂ 82~135 g，♀ 83~110 g
体长：♂ 180~233 mm，♀ 208~240 mm
鉴别特征：体型中等。喙、腿及脚均短。头及胸部具黑色、棕色及白色的复杂图案，背、肩栗色，具黑色、白色斑，其余下体白色。飞行时翼上具醒目的黑白色图案。虹膜褐色，喙黑色，脚橘黄色。
习性：常单独或成小群活动。迁徙时也集大群。在海滩上翻动石头及其他物体找食甲壳类，奔走迅速。栖息于海岸、海滨沙滩、海边沼泽及河口沙洲。
分布：繁殖于全北界高纬度地区，冬季迁至南美洲、非洲、亚洲、澳大利亚及新西兰。中国迁徙时华东地区可见，部分于台湾、福建、广东、海南等越冬。
西沙群岛分布：东岛、永兴岛、琛航岛、珊瑚岛、羚羊礁、银屿、鸭公岛。
保护现状：国家二级保护动物；IUCN 无危（LC）；《中国生物多样性红色名录》无危（LC）；海南省重点保护鸟类。

YUV

鸻形目 **Charadriiformes** 鹬科 **Scolopacidae**

长趾滨鹬

拼　音：Changzhibinyu
英文名：Long-toed Stint
学　名：*Calidris subminuta*

体重：♂ 24~33 g，♀ 28~37 g
体长：♂ 141~164 mm，♀ 143~165 mm
鉴别特征：体小型，灰褐色，头顶褐色，白色眉纹明显。上体具黑色粗纵纹，胸浅灰色，腹部白色，腰部中央及尾深褐色，外侧尾羽浅褐色。
习性：常单独或成小群活动，胆小机警。栖息于沿海或内陆淡水与盐水湖泊、河流、水塘和沼泽地带。
分布：繁殖于西伯利亚，越冬于印度、东南亚、澳大利亚。中国迁徙时见于华东和华中地区，越冬于台湾、广东、香港及海南。
西沙群岛分布：东岛。
保护现状：三有保护鸟类；IUCN 无危（LC）；《中国生物多样性红色名录》无危（LC）；海南省重点保护鸟类。

鸻形目 **Charadriiformes** 燕鸻科 **Glareolidae**

普通燕鸻

拼　音：Putongyanheng
英文名：Oriental Pratincole
学　名：*Glareola maldivarum*

体重：♂ 57~100 g，♀ 53~101 g
体长：♂ 205~280 mm，♀ 200~245 mm
鉴别特征：体型中等。喙短，基部较宽，尖端较窄且下弯。颏及喉部皮黄色具黑色领圈；上体棕褐色具橄榄色光泽，两翼长近黑色，尾上覆羽白色；腹部灰色，尾下白色，叉尾黑色，但基部及外缘白色。虹膜深褐色，喙黑色、基部红色，脚深褐色。
习性：集群，性喧闹，与其他涉禽混群。奔走时头不停点动，飞行优雅似燕，于空中捕捉昆虫。栖息于开阔平原地区的湖泊、河流、水塘、农田、耕地和沼泽地等。
分布：繁殖于亚洲东部，冬季南迁经印度尼西亚至澳大利亚。中国繁殖于西北、华北地区，迁徙时华东地区常见。
西沙群岛分布：东岛、永兴岛。
保护现状：三有保护鸟类；IUCN 无危（LC）；《中国生物多样性红色名录》无危（LC）；海南省重点保护鸟类。

鸻形目 Charadriiformes　　鸥科 Laridae

鸥嘴噪鸥

拼　音：Ouzuizaoou
英文名：Gull-billed Tern
学　名：*Gelochelidon nilotica*

体重：♂ 178~320 g，♀ 185~231 g
体长：♂ 335~387 mm，♀ 312~372 mm
鉴别特征：体型中等，浅灰色。尾白色，尖而狭，喙短粗。冬羽成鸟头部白色，具黑色过眼斑，颈背具灰色杂斑，上体灰色，下体白色；夏羽头顶黑色。虹膜褐色，喙黑色，脚黑色。
习性：单独或成小群活动。常出入于海滨、河口及湖边沙滩和泥地。常来回或环绕飞行，轻掠水面捕食或于泥地捕食。
分布：繁殖于美洲、欧洲、非洲、亚洲及澳大利亚，南迁至印度尼西亚及新几内亚岛以南。中国见于新疆、内蒙古、东部沿海地区、海南和台湾。
西沙群岛分布：东岛。
保护现状：三有保护鸟类；IUCN 无危（LC）；《中国生物多样性红色名录》无危（LC）；海南省重点保护鸟类。

鸻形目 **Charadriiformes**　　鸥科 **Laridae**

灰翅浮鸥（须浮鸥）

拼　音：Huichifuou
英文名：Whiskered Tern
学　名：*Chlidonias hybrida*

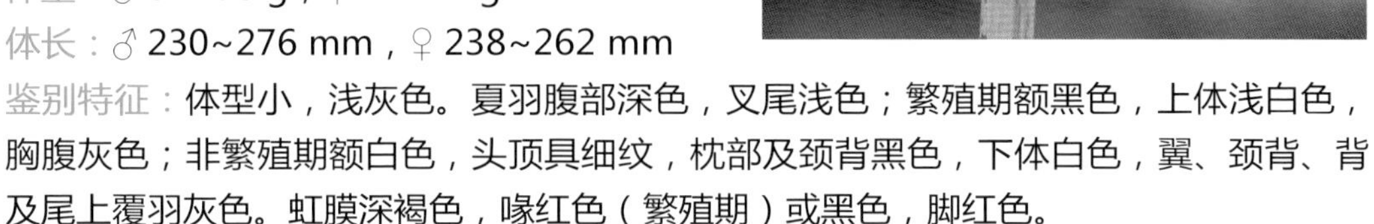

体重：♂ 82~98 g，♀ 79~92 g
体长：♂ 230~276 mm，♀ 238~262 mm
鉴别特征：体型小，浅灰色。夏羽腹部深色，叉尾浅色；繁殖期额黑色，上体浅白色，胸腹灰色；非繁殖期额白色，头顶具细纹，枕部及颈背黑色，下体白色，翼、颈背、背及尾上覆羽灰色。虹膜深褐色，喙红色（繁殖期）或黑色，脚红色。
习性：单独或小群活动，偶成大群。栖息于开阔平原湖泊、水库、河口、海岸和附近沼泽地带。捕食时扎入浅水或低掠水面。
分布：非洲南部、西古北界南部、南亚及澳大利亚。 中国见于华东、华中和华南地区。
西沙群岛分布：永兴岛、中建岛。
保护现状：三有保护鸟类；IUCN 无危（LC）；《中国生物多样性红色名录》无危（LC）；海南省重点保护鸟类。

鲣鸟目 **Suliformes** 鲣鸟科 **Sulidae**

红脚鲣鸟

拼　音 : Hongjiaojianniao
英文名 : Red-footed Booby
拉丁名 : *Sula sula*

体重：675~1050 g
体长：680~750 mm
鉴别特征：体型大、红脚、白尾、翅膀尖长、善于飞行。具浅、深及中间 3 种色型，浅色型体羽白色，初级飞羽及次级飞羽黑色；深色型头背及胸烟褐色，尾白色；亚成鸟全身烟褐色。虹膜褐色、喙灰蓝色、喙基粉红色、脚亮红色。
习性：夜间栖于热带海洋岛屿高大乔木林，白天盘旋于海面觅食，飞翔能力极强，也善于游泳和潜水，亦可在陆地上缓慢行走。多集群飞行，集中栖息，鸣声响亮。
分布：分布于全球热带洋面。中国繁殖于西沙群岛，南海地区常见。
西沙群岛分布：见于西沙群岛海域洋面，于东岛集中栖息和繁殖，偶见于永兴岛。
保护现状：国家二级保护动物；IUCN 无危（LC）；《中国生物多样性红色名录》近危（NT）。

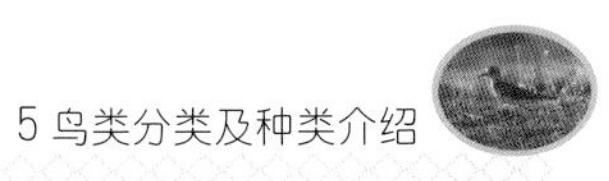

鲣鸟目 **Suliformes** 军舰鸟科 **Fregatidae**

白斑军舰鸟

拼 音: Baibanjunjianniao
英文名: Lesser Frigatebird
学 名: *Fregata ariel*

体重：625~955 g
体长：770~780 mm
鉴别特征：体型大。雄鸟具红色喉囊，全身近黑色，仅两胁及翼下基部具白色斑块。雌鸟近黑色，头近褐色，胸腹部具白色凹形块，翼下基部略白，眼周皮肤裸露为粉红色或蓝灰色，颏黑色。亚成鸟上体黑褐色，头、颈、胸及两胁白色沾棕色。虹膜褐色，喙灰色，脚暗红色。
习性：海洋性鸟类。具有海盗习性，常抢夺和迫使其他海鸟吐出其渔获物并攫为已有。主要栖息于热带海洋岛屿，白天翱翔于海面，飞行能力极强。
分布：全球热带海洋。中国南海可见，偶见于广东和福建。
西沙群岛分布：西沙群岛洋面，东岛。
保护现状：国家二级保护动物；IUCN 无危（LC）；《中国生物多样性红色名录》数据缺乏（DD）。

鲣鸟目 **Suliformes** 军舰鸟科 **Fregatidae**

黑腹军舰鸟（小军舰鸟）

拼　音：Heifujunjianniao
英文名：Great Frigatebird
学　名：*Fregata minor*

体重：1000~1640 g
体长：800~1000 mm
鉴别特征：体型大。雄鸟具绯红色喉囊，体羽黑色，翼上覆羽具浅色横纹。雌鸟颏及喉部灰白色，上胸白色，翼下基部无白色或极少白色，眼周裸露皮肤粉红色。亚成鸟上体深褐色，头、颈及下体灰白色沾铁锈色。虹膜褐色，喙青蓝色（雄）或粉色（雌），脚偏红色（成鸟）或蓝色（幼鸟）。
习性：主要栖息于热带、亚热带开阔海洋和沿海地带，白天翱翔于海面，有时集群啄食海面鱼类，夜间栖于海岸乔木林中。繁殖期多栖于海岛。有海盗习性。
分布：全球热带海洋。中国南海可见，偶见于东南沿海。
西沙群岛分布：西沙群岛海面，东岛。
保护现状：国家二级保护动物；IUCN 无危（LC）；《中国生物多样性红色名录》无危（LC）。

鹈形目 **Pelecaniformes** 鹭科 Ardeidae

栗苇鳽

拼　音 : Liweijian
英文名 : Cinnamon Bittern
学　名 : *Ixobrychus cinnamomeus*

体重：♂ 125~170 g，♀ 125~140 g
体长：♂ 318~372 mm，♀ 337~371 mm
鉴别特征：体型小。成年雄鸟上体栗色，下体黄褐色，喉、胸及腹具有褐色纵纹，两胁具黑色纵纹，颈侧具白色纵纹。雌鸟色暗，褐色较浓。亚成鸟下体具纵纹及横斑，上体具点斑。虹膜黄色，喙黄色，脚绿色。
习性：常单独活动。性羞怯孤僻，白天栖于稻田或草地，夜晚较活跃。受惊即飞，飞行低，振翼缓慢有力。在芦苇或深草中营巢。
分布：印度和东南亚。中国见于辽宁、华中、华东、西南、海南及台湾。
西沙群岛分布：东岛。
保护现状：三有保护鸟类；IUCN 无危（LC）；《中国生物多样性红色名录》无危（LC）；海南省重点保护鸟类。

鹈形目 **Pelecaniformes** 鹭科 **Ardeidae**

夜鹭

拼 音：Yelu
英文名：Black-crowned Night Heron
学 名：*Nycticorax nycticorax*

体重：♂ 500~685 g，♀ 450~750 g
体长：♂ 480~585 mm，♀ 475~560 mm
鉴别特征：体型中等，雌鸟体型略小。成鸟头及背部墨绿色，枕部具2-3条白色丝状饰羽，两翼及尾灰色，下体灰白色。繁殖期腿及眼先红色。亚成鸟具褐色纵纹及点斑。虹膜黄色（亚成鸟）或鲜红色（成鸟），喙黑色，脚污黄色。
习性：单独或成群活动，晨昏及夜间均活动。栖息和活动于平原和低山丘陵地区的溪流、水塘、江河、湖泊、沼泽和水田地等。
分布：美洲、非洲、欧洲、日本、印度及东南亚。中国常见于华东、华中、华南及华北地区。冬季迁徙至华南沿海地区及海南。
西沙群岛分布：东岛、琛航岛。
保护现状：三有保护鸟类；IUCN 无危（LC）；《中国生物多样性红色名录》无危（LC）；海南省重点保护鸟类。

鹈形目 **Pelecaniformes** 鹭科 **Ardeidae**

绿鹭

拼　音 : Lülu
英文名 : Striated Heron
学　名 : *Butorides striata*

体重：♂ 315 g，♀ 254~300 g
体长：♂ 435 mm，♀ 380~475 mm
鉴别特征：体型较小。顶冠和冠羽具墨绿色光泽，喙基部至眼下及脸颊具一道黑色线，颏白色。两翼及尾青蓝色并具绿色光泽，羽缘皮黄色，腹部粉灰色。飞行时脚向后伸直，颈部“S”型后缩。雌鸟略小。幼鸟具褐色纵纹。虹膜黄色，喙黑色，脚黄绿色。
习性：多单独活动，性孤僻羞怯。栖于池塘、溪流及稻田，也栖于芦苇地、灌丛或红树林等。结集小群营巢。
分布：美洲、非洲、马达加斯加、印度、东南亚和澳大利亚。中国见于东北、华南、华中、台湾和海南。
西沙群岛分布：中建岛。
保护现状：三有保护鸟类；IUCN 无危（LC）；《中国生物多样性红色名录》无危（LC）；海南省重点保护鸟类。

鹈形目 **Pelecaniformes** 鹭科 **Ardeidae**

池鹭

拼　音：Chilu
英文名：Chinese Pond Heron
学　名：*Ardeola bacchus*

体重：♂ 270~320 g，♀ 150~280 g
体长：♂ 472~540 mm，♀ 375~470 mm
鉴别特征：体型略小。翼白色，背部和胸部杂有褐色纵纹；夏羽头、颈部深栗色，胸紫酱色，肩、背蓑羽蓝黑色，余部白色。冬羽无冠羽及蓝黑色蓑羽，头、颈、胸具褐色纵纹，飞行时白色体羽与褐色背部形成鲜明对比。虹膜褐色，喙黄色，脚绿灰色。
习性：常单独或成小群活动，有时也集大群，性大胆机敏。常站在水边或浅水中，快速攫食。栖于稻田、池塘、湖泊、水库和沼泽湿地等。
分布：孟加拉国、印度及东南亚。中国常见于华东、华南、华中、华北地区。
西沙群岛分布：东岛、羚羊礁。
保护现状：三有保护鸟类；IUCN 无危（LC）；《中国生物多样性红色名录》无危（LC）；海南省重点保护鸟类。

鹈形目 **Pelecaniformes** 鹭科 **Ardeidae**

牛背鹭

拼　音：Niubeilu
英文名：Cattle Egret
学　名：*Bubulcus ibis*

体重：325~440 g
体长：467~549 mm
鉴别特征：体型略小但显粗壮，颈短头圆，喙短厚。繁殖期头、颈、胸和背上饰羽橙黄色至浅棕色，余部白色；虹膜、喙、腿及眼先短期呈亮红色，其余时间为橙黄色。非繁殖期体白色，少数个体额顶略沾橙黄色。虹膜黄色，喙黄色，脚暗黄色至近黑色。
习性：单独、成对或成小群活动，亦集成数十只大群。喜跟随家畜捕食被惊飞的昆虫和停歇于牛背而得名。栖息于平原草地、牧场、湖泊周边草地、水库、山脚平原和低山水田、池塘、旱田和沼泽地等。
分布：北美洲东部、南美洲中部及北部、印度和东南亚。中国常见于秦岭淮河以南地区。
西沙群岛分布：东岛、永兴岛、中建岛、晋卿岛、琛航岛、金银岛、珊瑚岛。
保护现状：三有保护鸟类；IUCN 无危（LC）；《中国生物多样性红色名录》无危（LC）；海南省重点保护鸟类。

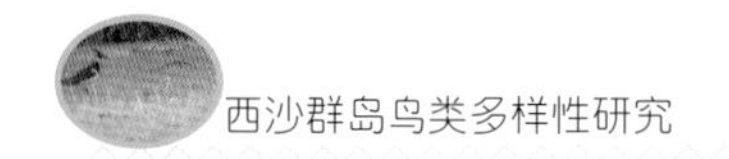

鹈形目 **Pelecaniformes** 鹭科 **Ardeidae**

苍鹭

拼　音：Canglu
英文名：Grey Heron
学　名：*Ardea cinerea*

体重：♂ 942~1825 g，♀ 1030~1750 g
体长：♂ 750~1052 mm，♀ 750~1000 mm
鉴别特征：体型大，灰白色。颈常缩成"S"形，喙、颈和腿细长。成鸟具明显黑色贯眼纹及黑色冠羽，头、颈、胸及背灰白色，颈前具黑色纵纹，胸部具明显灰白色蓑羽；飞羽、翼角及胸斑黑色。幼鸟头、颈深灰色。虹膜黄色，喙黄绿色，脚黑色。
习性：单独、成对和成小群活动。性孤僻，常独立于浅水处，捕捉鱼虾。栖息于江河、溪流、湖泊、水塘、稻田、海岸等。
分布：非洲、欧亚大陆和东南亚。中国全境可见。
西沙群岛分布：东岛、永兴岛、赵述岛、甘泉岛。
保护现状：三有保护鸟类；IUCN 无危（LC）；《中国生物多样性红色名录》无危（LC）；海南省重点保护鸟类。

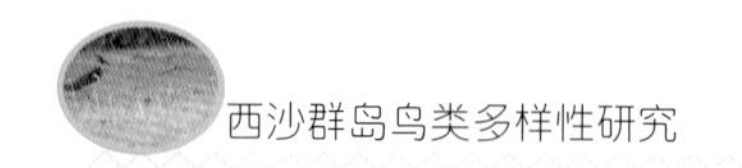

鹈形目 **Pelecaniformes** 鹭科 **Ardeidae**

草鹭

拼　音：Caolu
英文名：Purple Heron
学　名：*Ardea purpurea*

体重：♂ 775~1250 g，♀ 1075~1160 g
体长：♂ 830~970 mm，♀ 840~970 mm
鉴别特征：体型较大。体羽多灰色、栗色，颏、喉部白色，黑色顶冠有两道饰羽；颈栗红色，颈侧具黑色纵纹；背及覆羽深灰色，肩羽栗红色。虹膜黄色，喙褐色，脚红褐色。
习性：单独或成对活动和觅食，休息时则多聚集，集大群营巢。栖息于开阔平原和低山丘陵地带的湖泊、河流、沼泽、水库和水塘岸边及浅水处。
分布：非洲、欧亚大陆和东南亚。中国见于华东、华南、华中、海南及台湾。
西沙群岛分布：东岛。
保护现状：三有保护鸟类；IUCN 无危（LC）；《中国生物多样性红色名录》无危（LC）；海南省重点保护鸟类。

鹈形目 **Pelecaniformes** 鹭科 **Ardeidae**

大白鹭

拼　音：Dabailu
英文名：Great Egret
学　名：*Ardea alba*

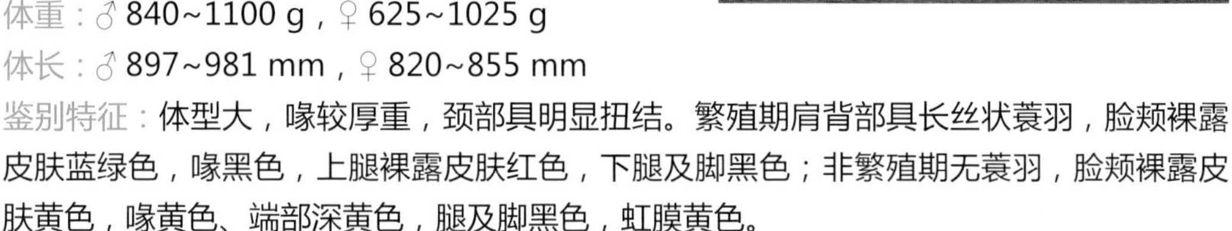

体重：♂ 840~1100 g，♀ 625~1025 g
体长：♂ 897~981 mm，♀ 820~855 mm
鉴别特征：体型大，喙较厚重，颈部具明显扭结。繁殖期肩背部具长丝状蓑羽，脸颊裸露皮肤蓝绿色，喙黑色，上腿裸露皮肤红色，下腿及脚黑色；非繁殖期无蓑羽，脸颊裸露皮肤黄色，喙黄色、端部深黄色，腿及脚黑色，虹膜黄色。
习性：多单独或成小群活动。站姿常挺直，从上方往下刺戳猎物。飞行优雅，振翅缓慢有力。栖息于开阔平原和山地丘陵地区的河流、湖泊、水田、海滨、河口及沼泽地等。
分布：遍及全世界。中国繁殖于东北、华北、云南和新疆等地，越冬于长江沿线及以南地区。
西沙群岛分布：东岛。
保护现状：三有保护鸟类；IUCN 无危（LC）；《中国生物多样性红色名录》无危（LC）；海南省重点保护鸟类。

鹈形目 **Pelecaniformes** 鹭科 **Ardeidae**

中白鹭

拼 音：Zhongbailu
英文名：Intermediate Egret
学 名：*Ardea intermedia*

体重：500~600 g
体长：620~700 mm
鉴别特征：体型大小介于白鹭与大白鹭之间，通体白色。喙相对短，颈呈“S”型。繁殖期背及胸部有松软的长丝状蓑羽，喙及腿短期呈粉红色，脸部裸露皮肤灰色。虹膜黄色，喙黄色，喙端黑色，腿及脚黑色。
习性：常单独或成对或成小群活动，有时亦与其他鹭混群。喜稻田、湖畔、沼泽地、红树林及沿海泥滩。
分布：非洲、印度、东亚及大洋洲。中国见于长江流域、云南、东南沿海、台湾和海南。
西沙群岛分布：东岛、永兴岛、中建岛、赵述岛、琛航岛、珊瑚岛、羚羊礁、金银岛。
保护现状：三有保护鸟类；IUCN 无危（LC）；《中国生物多样性红色名录》无危（LC）；海南省重点保护鸟类。

鹈形目 **Pelecaniformes** 鹭科 **Ardeidae**

白鹭

拼　音：Bailu
英文名：Little Egret
学　名：*Egretta garzetta*

体重：♂ 350~540 g，♀ 330~525 g
体长：♂ 540~624 mm，♀ 535~687 mm
鉴别特征：体型较小的白色鹭。夏季枕部有两枚辫羽，背部具超出尾部的蓑羽，颈下有蓬松的饰羽，眼先粉红色；冬季饰羽和蓑羽脱落，眼先裸露皮肤黄绿色。虹膜黄色，喙黑色，腿及脚黑色，趾黄色。
习性：喜集群，常呈小群活动于水边浅水处。成散群进食，常与其他鹭混群。喜稻田、河岸、沙滩、泥滩及沿海滩涂。常集大群集中营巢和育雏。
分布：非洲、欧洲、亚洲及大洋洲。中国分布于南方、台湾及海南。
西沙群岛分布：东岛、永兴岛、中建岛、晋卿岛、羚羊礁、甘泉岛。
保护现状：三有保护鸟类；IUCN 无危（LC）；CITES 附录Ⅲ；《中国生物多样性红色名录》无危（LC）；海南省重点保护鸟类。

鹰形目 Accipitriformes　鹗科 Pandionidae

鹗

拼　音：E
英文名：Osprey
学　名：*Pandion haliaetus*

体重：♂ 1000~1100 g，♀ 1750 g
体长：♂ 513~560 mm，♀ 583~645 mm
鉴别特征：体型中等猛禽。头白色，头顶具黑褐色纵纹，黑色贯眼纹从前额基部到达颈后。上体多暗褐色，深色短冠羽可竖立，胸部具褐色斑纹，下体白色。虹膜黄色，喙黑色，脚灰色。
习性：常单独或成对活动，迁徙时亦成小群。性机警，叫声响亮。擅长捕鱼，捕食时从空中俯冲深扎入水捕捉猎物，或在水上缓慢盘旋，或振翅停在空中然后扎入水中。栖息于湖泊、河流、海岸或开阔地，尤其喜欢在山地森林中的河谷或有树木的水域地带。
分布：遍及世界各地。中国各地均有分布，但极少见。
西沙群岛分布：东岛、永兴岛、晋卿岛。
保护现状：国家二级保护动物；IUCN 无危（LC）；CITES 附录Ⅱ；《中国生物多样性红色名录》近危（NT）。

鸮形目 **Strigiformes** 鸱鸮科 **Strigidae**

鹰鸮

拼　音：Yingxiao
英文名：Brown Hawk-Owl
学　名：*Ninox scutulata*

体重：♂ 212~220 g，♀ 230 g
体长：♂ 290~313 mm，♀ 280~313 mm
鉴别特征：体型中等、眼大、深色鹰样鸮。上体深褐色；下体皮黄色，具宽阔红褐色纵纹；尾棕褐色并有黑褐色横纹，端部近白色；臀、颏及喙基部具白色点斑。虹膜亮黄色，喙蓝灰色，脚黄色。
习性：除繁殖期外，多单独活动。性活跃，多黄昏活动于林缘地带，飞行追捕昆虫。
分布：南亚次大陆、东北亚和东南亚。中国分布于华东、华中、华南及西南地区。
西沙群岛分布：东岛。
保护现状：国家二级保护动物；IUCN 无危（LC）；CITES 附录Ⅱ；《中国生物多样性红色名录》近危（NT）。

佛法僧目 **Coraciiformes** 翠鸟科 **Alcedinidae**

普通翠鸟

拼　音：Putongcuiniao
英文名：Common Kingfisher
学　名：*Alcedo atthis*

体重：♂ 24~32 g，♀ 23~36 g
体长：♂ 153~175 mm，♀ 159~175 mm
鉴别特征：体型较小、亮蓝色及棕色翠鸟。上体呈金属般浅蓝绿色，颏白色，颈侧具白色点斑；下体橙棕色；橘黄色条带横贯眼部及耳羽。幼鸟色黯淡，具深色胸带。虹膜褐色，喙黑色（雄鸟），下颚橘黄色（雌鸟），脚红色。
习性：单独活动，性孤僻，常停在水边岩石或探出的枯枝上，转头巡视四周，快速斜扎入水捕鱼。栖息于开阔郊野的淡水湖泊、溪流、运河、鱼塘及红树林等。
分布：欧亚大陆、东南亚和新几内亚岛。中国见于各地。
西沙群岛分布：东岛、永兴岛、中建岛、晋卿岛、琛航岛、甘泉岛。
保护现状：三有保护鸟类；IUCN 无危（LC）；《中国生物多样性红色名录》无危（LC）。

隼形目 **Falconiformes** 隼科 **Falconidae**

红隼

拼　音：Hongsun
英文名：Common Kestrel
学　名：*Falco tinnunculus*

体重：♂ 173~240 g，♀ 180~335 g
体长：♂ 316~340 mm，♀ 305~360 mm
鉴别特征：体型较小的赤褐色隼。雄鸟头顶及颈背灰色，上体赤褐色，略具黑色横斑，下体皮黄色具黑色纵纹，尾蓝灰色无横斑。雌鸟体型略大，上体全褐色。虹膜褐色，喙灰色，尖端黑色，脚黄色。
习性：常单独活动，迁徙时常集成小群。飞行姿势优雅，善翱翔和悬停、空中攻击猎物。栖息于森林、旷野、村庄和城市等地。
分布：非洲、古北界、印度，越冬于东南亚。中国见于各地。
西沙群岛分布：东岛。
保护现状：国家二级保护动物；IUCN 无危（LC）；《中国生物多样性红色名录》无危（LC）。

雀形目 Passeriformes　卷尾科　Dicruridae

黑卷尾

拼　音：Heijuanwei
英文名：Black Drongo
学　名：*Dicrurus macrocercus*

体重：♂ 40~65 g，♀ 42~57 g
体长：♂ 235~300 mm，♀ 243~285 mm
鉴别特征：通体蓝黑色而具金属光泽。喙小，尾长，叉尾型，最外侧一对尾羽向上卷曲一定角度。雌鸟略显暗淡。亚成鸟下体具灰白色横纹。虹膜红色，喙黑色，脚黑色。
习性：常成对或集成小群活动，性凶猛，非繁殖期喜集群打斗。栖息于开阔原野，常立于小树或电线上。
分布：伊朗、印度和东南亚。中国除新疆、青海外各地均可见。
西沙群岛分布：东岛。
保护现状：三有保护鸟类；IUCN 无危（LC）；《中国生物多样性红色名录》无危（LC）。

雀形目 Passeriformes 卷尾科 Dicruridae

发冠卷尾

拼　音：Faguanjuanwei
英文名：Hair-crested Drongo
学　名：*Dicrurus hottentottus*

体重：♂ 70~100 g，♀ 70~110 g
体长：♂ 272~348 mm，♀ 277~330 mm
鉴别特征：通体黑色具蓝绿色金属光泽。头具细长丝状羽冠，尾长而分叉，外侧尾羽端钝而上卷形似竖琴。幼鸟翼斑浅蓝色。喙较厚重，呈黑色，虹膜红色或白色，脚黑色。
习性：单独或成对活动，有时也集小群。喜森林开阔处，聚集鸣唱，甚吵闹，善于空中捕捉昆虫。多在常绿阔叶林、次生林或人工松林中活动。
分布：印度和东南亚。中国见于华中、华东、西藏、云南、海南及台湾等。
西沙群岛分布：永兴岛。
保护现状：三有保护鸟类；IUCN 无危（LC）；《中国生物多样性红色名录》无危（LC）。

雀形目 **Passeriformes** 伯劳科 **Laniidae**

虎纹伯劳

拼　音：Huwenbolao
英文名：Tiger Shrike
学　名：*Lanius tigrinus*

体重：♂ 23~29 g，♀ 24~28 g
体长：♂ 154~190 mm，♀ 147~192 mm
鉴别特征：喙厚、尾短而眼大。雄鸟顶冠及颈背灰色，背、两翼及尾浓栗色具黑色横斑；具宽阔黑色过眼纹；下体白色，两胁具褐色横斑。雌鸟眼先及眉纹色浅。虹膜褐色，喙蓝色，端部黑色，脚灰色。
习性：性凶猛，捕食昆虫。喜在林缘突出树枝上停歇和捕食。
分布：东亚，冬季南迁至马来半岛。中国繁殖于吉林、河北、华中及华东地区，冬季南迁。
西沙群岛分布：东岛、晋卿岛。
保护现状：三有保护鸟类；IUCN 无危（LC）；《中国生物多样性红色名录》无危（LC）。

雀形目 **Passeriformes** 伯劳科 **Laniidae**

红尾伯劳

拼　音：Hongweibolao
英文名：Brown Shrike
学　名：*Lanius cristatus*

体重：♂ 23~37 g，♀ 28~44 g
体长：♂ 170~208 mm，♀ 175~204 mm
鉴别特征：体羽淡褐色。颏、喉白色。成鸟前额灰色，具白色眉纹和黑色贯眼纹，头顶及上体褐色，下体皮黄色。虹膜褐色，喙黑色，脚灰黑色。
习性：单独或成对活动，性活泼，常在枝头跳跃或飞行。喜开阔耕地、次生林、灌丛等。
分布：繁殖于东亚，冬季南迁至印度、东南亚及新几内亚岛。中国见于除新疆、青海外各地。
西沙群岛分布：晋卿岛、琛航岛、珊瑚岛、金银岛、甘泉岛。
保护现状：三有保护鸟类；IUCN 无危（LC）；《中国生物多样性红色名录》无危（LC）。

雀形目 **Passeriformes** 伯劳科 **Laniidae**

棕背伯劳

拼　音 : Zongbeibolao
英文名 : Long-tailed Shrike
学　名 : *Lanius schach*

体重：♂ 42~72 g，♀ 46~111 g
体长：♂ 219~281 mm，♀ 220~274 mm
鉴别特征：尾长，棕色为主。成鸟额、眼纹、两翼及尾黑色，翼有一白色斑；头顶及颈背灰色或灰黑色；背、腰及体侧红褐色；颏、喉、胸及腹中心部位白色。亚成鸟色较暗，两胁及背具横斑，头及颈背灰色较重。虹膜褐色，喙黑色，脚黑色。
习性：除繁殖期成对活动外，多单独活动。性凶猛，善于捕食昆虫、小鸟、蛙和啮齿类动物。常立于低树枝，猛然飞出捕食飞行中的昆虫。喜稀树草地、灌丛、园林及其他相对开阔的林地。
分布：伊朗、印度、东南亚及新几内亚岛。中国见于华中、华东、华南、东南、西南各地区。
西沙群岛分布：东岛、永兴岛、晋卿岛。
保护现状：三有保护鸟类；IUCN 无危（LC）；《中国生物多样性红色名录》无危（LC）。

雀形目 **Passeriformes** 燕科 **Hirundinidae**

家燕

拼　音：jiayan
英文名：Barn Swallow
学　名：*Hirundo rustica*

体重：♂ 14~22 g，♀ 14~21 g
体长：♂ 134~197 mm，♀ 132~183 mm
鉴别特征：上体蓝黑色具金属光泽，前额、颏、喉部深砖红色；上胸偏红色具一道蓝色环带，腹白色；尾长呈叉状，近端处具白色点斑。翅尖长，停歇时超过尾长。亚成鸟体羽色暗，尾无延长。虹膜褐色，喙黑色，脚黑色。
习性：喜城镇、村舍等人居环境，常成对或成群地栖息于村落中的房顶、电线以及附近的河滩和田野。善飞行，空中捕食，多屋檐下做巢。
分布：遍及全球，繁殖于北半球，冬季南迁经非洲、亚洲、东南亚至新几内亚岛及澳大利亚。中国见于各地。
西沙群岛分布：东岛、永兴岛、中建岛、晋卿岛、赵述岛、琛航岛、珊瑚岛、金银岛。
保护现状：三有保护鸟类；IUCN 无危（LC）；《中国生物多样性红色名录》无危（LC）。

雀形目 **Passeriformes** 燕科 **Hirundinidae**

金腰燕

拼 音：Jinyaoyan
英文名：Red-rumped Swallow
学 名：*Cecropis daurica*

体重：♂ 18~30 g，♀ 15~31 g
体长：♂ 155~206 mm，♀ 153~196 mm
鉴别特征：体型较家燕略大，浅栗色腰与深蓝色上体对比鲜明，凸显“金腰”；下体白色具黑色细纹，尾蓝黑色，深叉尾（狭尾）。虹膜褐色，喙黑色，脚黑色。
习性：常集群活动，成群停歇于电线上，于飞行中捕食昆虫，多栖息在丘陵和平原地区的村庄、城镇等居民住宅地附近。屋檐下筑巢。
分布：繁殖于欧亚大陆及印度部分地区，冬季迁至非洲、印度南部及东南亚。中国见于大部分地区，华北平原以南区域居多。
西沙群岛分布：东岛。
保护现状：三有保护鸟类；IUCN 无危（LC）；《中国生物多样性红色名录》无危（LC）。

雀形目 **Passeriformes** 柳莺科 **Phylloscopidae**

极北柳莺

拼　音：Jibeiliuying
英文名：Arctic Warbler
学　名：*Phylloscopus borealis*

体重：♂ 7~12 g，♀ 7~10 g
体长：♂ 110~128 mm，♀ 110~128 mm
鉴别特征：雌雄羽色相似。上体灰橄榄绿色，腰和尾上覆羽稍淡和较绿；眉纹明显，黄白色；黑褐色贯眼纹长而宽阔；颊部和耳上覆羽淡黄绿色；飞羽黑褐色，外翈羽缘橄榄绿色，内翈羽缘灰白色。大覆羽先端淡黄色，形成翼斑；尾羽黑褐色，外翈羽缘灰橄榄绿色，内侧羽缘灰白色；下体白色略沾黄色，两胁缀以灰绿色。虹膜暗褐色，上喙深褐色，下喙黄褐色，跗蹠和趾肉色。
习性：主要栖息于海拔 400~1200m 针叶林、稀疏的阔叶林、针阔叶混交林及其林缘的灌丛地带。繁殖期间常成对活动，迁徙季则多成群。性活泼，动作轻快敏捷，叫声响亮。取食昆虫、蜘蛛等。6~7 月繁殖，每窝产卵 4~7 枚，卵呈白色带暗红褐色小斑点。
分布：东南亚，北欧及北美地区。中国繁殖于新疆、东北等，迁徙经中国大部分地区。
西沙群岛分布：甘泉岛。
保护现状：三有保护鸟类；IUCN 无危（LC）；《中国生物多样性红色名录》无危（LC）。

雀形目 Passeriformes　绣眼鸟科 Zosteropidae

暗绿绣眼鸟

拼　音 : Anlüxiuyanniao
英文名 : Japanese White-eye
学　名 : *Zosterops japonicus*

体重：♂ 9~15 g，♀ 8~12 g
体长：♂ 88~114 mm，♀ 96~115 mm
鉴别特征：上体鲜亮绿橄榄色，具明显白色眼圈，颏和喉部鲜黄色；胸及两胁灰色，腹白色，臀部及尾下覆羽黄色。虹膜浅褐色，喙灰色，脚灰色。
习性：常单独、成对或成小群活动。性活泼而喧闹，于树顶觅食小型昆虫、小浆果及花蜜。主要栖息于阔叶林、针阔叶混交林、竹林、次生林等各种类型森林中。
分布：日本、缅甸及越南北部。中国见于华东、华中、西南、华南、东南等地区。
西沙群岛分布：东岛、永兴岛、晋卿岛、珊瑚岛、甘泉岛。
保护现状：三有保护鸟类； IUCN 无危（LC）；《中国生物多样性红色名录》无危（LC）。

雀形目 **Passeriformes** 椋鸟科 **Sturnidae**

丝光椋鸟

拼　音：Siguangliangniao
英文名：Silky Starling
学　名：*Spodiopsar sericeus*

体重：♂ 65~82 g，♀ 70~83 g
体长：♂ 200~232 mm，♀ 206~222 mm
鉴别特征：头具灰白色丝状羽，上体灰白色；两翼及尾灰黑色，飞行时初级飞羽白斑明显。虹膜黑色，喙红色，端部黑色，脚橘色。
习性：喜集群活动，迁徙时成大群。性较胆怯，见人即飞，多栖息于开阔平原、农作区和丛林间。
分布：越南、菲律宾。中国见于华南、华中及东南大部分地区。
西沙群岛分布：永兴岛。
保护现状：三有保护鸟类；IUCN 无危（LC）；《中国生物多样性红色名录》无危（LC）；海南省重点保护鸟类。

雀形目 Passeriformes 椋鸟科 Sturnidae

紫翅椋鸟

拼 音：Zichiliangniao
英文名：Common Starling
学 名：*Sturnus vulgaris*

体重：♂ 72~78 g，♀ 60~70 g
体长：♂ 203~220 mm，♀ 200~215 mm
鉴别特征：头、喉及前颈呈闪亮的铜绿色；背、肩、腰及尾紫铜色，带淡黄色羽端；腹部铜黑色略带绿色光芒，翅黑褐色，缀以褐色宽边；体羽具不同程度白色点斑，新体羽为矛状，羽缘锈色而成扇贝形纹和斑纹。虹膜深褐色，喙黄色，脚红色。
习性：集群于开阔地取食。多栖于村落附近的果园、耕地及开阔多树的村庄。
分布：欧亚大陆。中国常见于西部地区，偶见于华东及华南沿海。
西沙群岛分布：东岛、永兴岛。
保护现状：三有保护鸟类；IUCN 无危（LC）；《中国生物多样性红色名录》无危（LC）。

雀形目 **Passeriformes** 鸫科 **Turdidae**

白眉鸫

拼 音：Baimeidong
英文名：Eyebrowed Thrush
学 名：*Turdus obscurus*

体重：♂ 49~89 g，♀ 49~87 g
体长：♂ 206~230 mm，♀ 198~237 mm
鉴别特征：雄鸟头、颈灰褐色，具长而明显的白色眉纹，眼下具白斑，上体橄榄褐色，胸和两胁褐色，腹白色。雌鸟头和上体橄榄褐色，喉白色具褐色条纹。虹膜褐色，喙基部黄色，端部黑色，脚偏黄色。
习性：常单独或成对活动，迁徙季节亦成群。性活泼喧闹。栖于开阔林地及次生林，于低矮树丛及林间活动。
分布：繁殖于古北界中部及东部，冬季迁徙至印度东北部及东南亚。中国除青藏高原外均可见。
西沙群岛分布：永兴岛。
保护现状：IUCN 无危（LC）；《中国生物多样性红色名录》无危（LC）；海南省重点保护鸟类。

雀形目 **Passeriformes** 鹟科 **Muscicapidae**

北红尾鸲

拼　音：Beihongweiqu
英文名：Daurian Redstart
学　名：*Phoenicurus auroreus*

体重：♂ 14~22 g，♀ 13~20 g
体长：♂ 128~159 mm，♀ 127~157 mm
鉴别特征：白色翼斑宽大明显。雄鸟头顶及颈背灰色而具银色边缘，头侧、喉、上背及两翼黑色，体羽余部栗褐色，中央尾羽深褐色。雌鸟褐色，眼圈及尾皮黄色，整体较雄鸟暗淡。虹膜褐色，喙黑色，脚黑色。
习性：常单独或成对活动。性胆怯，见人即藏匿于丛林内。栖于森林、灌木丛、林间空地、矮树丛及村舍附近。停歇于电线、房檐、枝头等突出位置，停歇时尾不停颤动。
分布：东北亚、日本、喜马拉雅山脉、缅甸及印度。中国见于各地。
西沙群岛分布：东岛、永兴岛。
保护现状：三有保护鸟类；IUCN 无危（LC）；《中国生物多样性红色名录》无危（LC）。

雀形目 **Passeriformes** 鹟科 **Muscicapidae**

黑喉石䳭

拼　音：Heihoushiji
英文名：Siberian Stonechat
学　名：*Saxicola maurus*

体重：♂ 12~22 g，♀ 12~24 g
体长：♂ 118~146 mm，♀ 115~140 mm
鉴别特征：雄鸟头部及飞羽黑色，背深褐色，颈及翼上具粗大白斑，胸棕色，腰白色。雌鸟色较暗而无黑色，下体皮黄色，仅翼上具白斑。虹膜深褐色，喙黑色，脚近黑色。
习性：常单独或成对活动。喜农田、草地、沼泽及次生灌丛等生境。喜栖于突出的低树枝以跃下地面捕食昆虫。
分布：繁殖于古北界、日本、喜马拉雅山脉及东南亚的北部，冬季迁至非洲、印度及东南亚。中国见于各地。
西沙群岛分布：东岛。
保护现状：三有保护鸟类；IUCN 无危（LC）；《中国生物多样性红色名录》无危（LC）。

雀形目 **Passeriformes** 鹟科 **Muscicapidae**

蓝矶鸫

拼　音：Lanjidong
英文名：Blue Rock Thrush
学　名：*Monticola solitarius*

体重：♂ 45~56 g，♀ 45~64 g
体长：♂ 196~227 mm，♀ 182~225 mm
鉴别特征：雄鸟暗蓝灰色，具浅灰色近白色鳞状斑纹；腹部及尾下深栗色。雌鸟上体灰色沾蓝色，下体皮黄色密布黑色鳞状斑纹。虹膜褐色，喙黑色，脚黑色。
习性：单独或成对活动。主要栖息于多岩石的低山峡谷、山溪、湖泊等附近，常立于岩石、房檐、枯树枝等突出位置，冲向地面捕捉昆虫。
分布：欧亚大陆和东南亚。中国各地可见。
西沙群岛分布：东岛、永兴岛、中建岛、晋卿岛、羚羊礁、甘泉岛、银屿、鸭公岛。
保护现状：IUCN 无危（LC）；《中国生物多样性红色名录》无危（LC）；海南省重点保护鸟类。

雀形目 Passeriformes 鹟科 Muscicapidae

北灰鹟

拼　音：Beihuiweng
英文名：Asian Brown Flycatcher
学　名：*Muscicapa dauurica*

体重：♂ 7~16 g，♀ 9~13 g
体长：♂ 103~143 mm，♀ 106~130 mm
鉴别特征：上体灰褐色，眼圈白色，冬季眼先偏白色；下体白色，胸侧及两胁灰褐色。虹膜褐色，喙黑色，下喙基黄色，脚黑色。
习性：常单独或成对活动，偶成小群。性机警，善藏匿。栖息于林灌从，从栖处捕食昆虫，回至栖处后尾作快速的颤动。
分布：繁殖于东北亚及喜马拉雅山脉，冬季南迁至印度及东南亚。中国繁殖于东北，迁徙经华东、华中及台湾，越冬于华南地区。
西沙群岛分布：中建岛、赵述岛、金银岛。
保护现状：三有保护鸟类；IUCN 无危（LC）；《中国生物多样性红色名录》无危（LC）。

雀形目 **Passeriformes** 雀科 **Passeridae**

麻雀

拼　音：Maque
英文名：Eurasian Tree Sparrow
学　名：*Passer montanus*

体重：♂ 16~24 g，♀ 17~23.7 g
体长：♂ 115~150 mm，♀ 116~147 mm
鉴别特征：顶冠及颈背褐色，雌雄相似。成鸟上体近褐色具黑色纵纹，下体灰白色，脸颊灰白色，耳后具明显的黑色点斑，颈背具完整灰白色领环。颏、喉及上胸前形成明显黑斑。虹膜深褐色，喙黑色，脚粉褐色。
习性：喜集群活动，性极活泼，胆大易近人，但警惕性极高。栖于有稀疏树木的地区、村庄及农田。喜食植物种子。
分布：遍及全球。中国各地常见。
西沙群岛分布：永兴岛。
保护现状：三有保护鸟类；IUCN 无危（LC）；《中国生物多样性红色名录》无危（LC）。

雀形目 **Passeriformes** 雀科 **Passeridae**

山麻雀

拼　音：Shanmaque
英文名：Russet Sparrow
学　名：*Passer cinnamomeus*

体重：♂ 15~21 g，♀ 16~29 g
体长：♂ 120~140 mm，♀ 113~138 mm
鉴别特征：雄鸟顶冠及上体为鲜艳黄褐色或栗色，喉部黑色，脸颊白色，上背具黑色纵纹。雌鸟色较暗，具深色眼纹及奶油色眉纹。虹膜褐色，喙灰色（雄鸟）或黄色（雌鸟），脚粉褐色。
习性：喜集群，叫声响亮吵闹。喜跳跃或停歇于枝头、电线、房檐等突出部位。栖于林灌丛、耕地、村舍等地区。
分布：喜马拉雅山脉、缅甸、越南及东北亚。中国分布于西藏东南部、华中、华南、华北和华东等。
西沙群岛分布：银屿、鸭公岛。
保护现状：三有保护鸟类；IUCN 无危（LC）；《中国生物多样性红色名录》无危（LC）。

雀形目 **Passeriformes**　鹡鸰科 **Motacillidae**

黄鹡鸰

拼　音：Huangjiling
英文名：Eastern Yellow Wagtail
学　名：*Motacilla tschutschensis*

体重：♂ 16~22 g，♀ 16~21 g
体长：♂ 150~190 mm，♀ 151~173 mm
鉴别特征：繁殖期上体橄榄绿色，两翅黑色，翅斑狭窄、白色，飞行时明显，尾黑色修长，外侧尾羽白色，闪尾时明显可见，下体鲜黄色；非繁殖期上体褐色，两胁白色或淡黄色，尾下覆羽浅黄色，白色贯眼纹不经耳羽向下延伸。虹膜褐色，喙褐色，脚褐色至黑色。
习性：多成对或成小群，迁徙期亦成大群活动。喜稻田、沼泽边缘、草地、耕地等。喜欢停歇于突出位置或空地，尾不停地上下摆动。飞行时两翅一收一伸，呈波浪式前进。常边飞边 “唧、唧” 鸣叫。
分布：繁殖于欧洲、西伯利亚及阿拉斯加州，南迁至印度、东南亚、新几内亚岛及澳大利亚。中国见于各地。
西沙群岛分布：东岛、永兴岛。
保护现状：三有保护鸟类；IUCN 无危（LC）；《中国生物多样性红色名录》无危（LC）。

雀形目 Passeriformes　鹡鸰科 Motacillidae

灰鹡鸰

拼　音：Huijiling
英文名：Gray Wagtail
学　名：*Motacilla cinerea*

体重：♂ 14~22 g，♀ 15~20 g
体长：♂ 170~190 mm，♀ 170~187 mm
鉴别特征：上体黑灰色，两翼黑色，腰黄绿色，尾黑色、细长，外侧尾羽白色。雄鸟繁殖期具明显白色眉纹，颏、喉黑色，胸部至臀部为鲜黄色；雌鸟眉纹较细，喉白色，下体淡黄色。虹膜褐色，喙黑褐色，脚粉灰色。
习性：常单独或成对活动，有时也集成小群或与白鹡鸰混群。尤其喜欢在山区河流岸边和道路上活动。主要栖息于溪流、河谷、湖泊、水塘、沼泽等水域岸边或水域附近的草地、农田、住宅等地。性机警，波浪式飞行，边飞边鸣。停歇或走动时尾上下摆动。
分布：繁殖于欧洲、西伯利亚及阿拉斯加州，南迁至非洲、印度、东南亚、新几内亚岛及澳大利亚。中国繁殖于天山西部、西北、东北及华北等地区。越冬于西南、华南、东南、长江中游地区以及海南和台湾。
西沙群岛分布：东岛、永兴岛、中建岛、晋卿岛、赵述岛、琛航岛、珊瑚岛、羚羊礁、金银岛、甘泉岛、银屿、鸭公岛。
保护现状：三有保护鸟类；IUCN 无危（LC）；《中国生物多样性红色名录》无危（LC）。

雀形目 Passeriformes　鹡鸰科 Motacillidae

白鹡鸰

拼　音：Baijiling
英文名：White Wagtail
学　名：*Motacilla alba*

体重：♂ 15~30 g，♀ 17~29 g
体长：♂ 156~195 mm，♀ 157~195 mm
鉴别特征：背黑色或灰色，两翼黑色或灰色具明显白斑；下体白色，胸部黑斑大小各异，尾黑色外侧尾羽白色，闪尾时清晰可见。雌鸟色较暗。虹膜褐色，喙黑色，脚黑色。
习性：常单独、成对或成小群活动。栖于近水开阔地带、稻田、溪流边及道路上。性机警，波浪形飞行，边飞边鸣，鸣声“唧、唧”。停歇时尾上下摆动，走动时常不断点头。
分布：非洲、欧洲及亚洲。中国繁殖于东北、西北地区，越冬于华南、华东、海南等。
西沙群岛分布：东岛、永兴岛。
保护现状：三有保护鸟类；IUCN 无危（LC）；《中国生物多样性红色名录》无危（LC）。

雀形目 Passeriformes　鹡鸰科 Motacillidae

田鹨

拼　音：Tianliu
英文名：Richard's Pipit
学　名：*Anthus richardi*

体重：♂ 20~43 g，♀ 20~38 g
体长：♂ 150~201 mm，♀ 150~200 mm
鉴别特征：上体褐色，顶冠、背和肩具深色纵纹，眉纹、眼先、颏和喉部均浅色；下体胸部至两胁黄褐色，余部偏白色，下颈及上胸具狭窄深色纵纹；腿强壮而色浅，后爪甚长。虹膜褐色，喙粉红褐色，脚粉红色。
习性：常单独或成对活动，迁徙季节亦成群。急速于地面奔跑，进食时尾摇摆。常栖息于开阔平原、草地、农田和沼泽地带。
分布：印度、缅甸及东南亚。中国常见于西南及华南地区。
西沙群岛分布：东岛、中建岛、晋卿岛、赵述岛、金银岛。
保护现状：三有保护鸟类；IUCN 无危（LC）；《中国生物多样性红色名录》无危（LC）。

雀形目 **Passeriformes** 鹡鸰科 **Motacillidae**

山鹡鸰

拼　音 : Shanjiling
英文名 : Forest Wagtail
拉丁名 : *Dendronanthus indicus*

体重：♂ 15~19 g，♀ 13~22 g
体长：♂ 148~172 mm，♀ 145~173 mm
鉴别特征：上体灰褐色，具明显白色眉纹；两翼具宽阔黑白色斑纹；下体白色，胸上具两道黑色横斑纹；尾褐色，外侧尾羽白色。虹膜灰色，喙褐色，脚偏粉色。
习性：单独或成对在开阔森林地面活动。停歇时尾左右摆动。常栖息于低山丘陵地带的山地森林、混交林、落叶林和果园等。
分布：繁殖于亚洲东部，冬季南迁至印度、东南亚。中国繁殖于东北、华北、华中及华东部分地区，越冬于华南、华中及西南部分地区。
西沙群岛分布：永兴岛。
保护现状：三有保护鸟类；IUCN 无危（LC）；《中国生物多样性红色名录》无危（LC）。

雀形目 Passeriformes 鹀科 Emberizidae

小鹀

拼 音：Xiaowu
英文名：Little Bunting
学 名：*Emberiza pusilla*

体重：♂ 11.5~17 g，♀ 11~17 g
体长：♂ 115~150 mm，♀ 120~148 mm
鉴别特征：头具条纹，雌雄同色。繁殖期成鸟头具黑色和栗色条纹，眼圈色浅。非繁殖期耳羽及顶冠暗栗色，颊纹及耳羽边缘灰黑色，眉纹及第二道下颊纹黄褐色。上体褐色带深色纵纹，下体灰白色，胸及两胁有黑色纵纹。虹膜深红褐色，喙灰色，脚红褐色。
习性：除繁殖期间成对或单独活动外，其他季节多集群活动。常与鹨类混群。栖息于林灌从、草地、苗圃和稻田等。
分布：繁殖于欧洲、亚洲北部，冬季南迁至印度及东南亚。中国见于东北、新疆、华中、华东和华南大部分地区。
西沙群岛分布：晋卿岛。
保护现状：三有保护鸟类；IUCN 无危（LC）；《中国生物多样性红色名录》无危（LC）。

西沙群岛鸟类名录

List of bird species in Xisha Islands

	物种 Species	资料来源 Species recording		居留型 Status	区系 Fauna	分布 Distribution	生境 Habitat	保护类型 Protection type	IUCN	CITES	CRLB
		参考文献 Reference	实地考察 Investigation								
	一、雁形目 **Aniseriformes**										
	1. 鸭科 **Anatidae**										
1	赤颈鸭 *Mareca penelope**		√	W	P		W	H、III	LC		LC
2	绿翅鸭 *Anas acuta*	√		W	P			H、III	LC		LC
	二、鸊鷉目 **Podicipediformes**										
	2. 鸊鷉科 **Podicipedidae**										
3	小鸊鷉 *Tachybaptus ruficollis**		√	R	W		W	III	LC		LC
	三、鸽形目 **Columbiformes**										
	3. 鸠鸽科 **Columbidae**							III			
4	山斑鸠 *Stretopelia orientalis**		√	R	W		GW	H、III	LC		LC
5	火斑鸠 *Streptopelia tranquebarica**		√	R	W	ZJ	F	H，III	LC		LC
6	珠颈斑鸠 *Streptopelia chinenesis**		√	R	O		BG	H、III	LC		LC
	四、夜鹰目 **Caprimulgiformes**										
	4. 夜鹰科 **Caprimulgidae**										
7	普通夜鹰 *Caprimulgus indicus*	√		P	O			III	LC		LC
	5. 雨燕科 **Apodidae**										
8	灰喉针尾雨燕 *Hirundapus cochinchinensis*	√		S				II	LC		NT

①该名录参考李映灿等 2021 年发表在《生态学报》上的《西沙群岛主要岛屿鸟类和 A 型兽类群落调查研究》。

	物种 Species	资料来源 Species recording		居留型 Status	区系 Fauna	分布 Distribution	生境 Habitat	保护类型 Protection type	IUCN	CITES	CRLB
		参考文献 Reference	实地考察 Investigation								
	五、 鹃形目 **Cuculiformes**										
	6. 杜鹃科 **Cuculidae**										
9	小鸦鹃 *Centropus bengalensis**		√	R	O	SH	S	II	LC		LC
10	噪鹃 *Eudynamys scolopaceus*	√	√	R	O	YX,CH,SH,GQ,JQ	F,S	III	LC		LC
11	八声杜鹃 *Cacomantis merulinus**		√	R	O	ZJ	S	III	LC		LC
12	大鹰鹃 *Hierococcyx sparverioides**		√	R	O	DD	F	III	LC		LC
13	四声杜鹃 *Cuculus micropterus*	√		R	O			III	LC		LC
	六、 鹤形目 **Gruiformes**										
	7 . 秧鸡科 **Rallidae**										
14	普通秧鸡 *Rallus indicus**		√	V	P	DD	W	H,III	LC		LC
15	小田鸡 *Zapornia pusilla**		√	W	W	DD	W	H,III	LC		LC
16	白胸苦恶鸟 *Amaurornis phoenicurus*	√	√	R	O	YX,DD,SH	W, S	H,III	LC		LC
17	董鸡 *Gallicrex cinerea*	√		S	O			H,III	LC		LC
18	黑水鸡 *Gallinula chloropus*	√	√	W	W	YX,DD	W	H,III	LC		LC
	七 、鸻形目 **Charadriiformes**										
	8 . 反嘴鹬科 **Recurvirostridae**										
19	黑翅长脚鹬 *Himantopus himantopus*	√	√	P	W	YX,DD,ZJ,JY,SH	W, G, B	H,III	LC		
	9 . 鸻科 **Charadriidae**										
20	凤头麦鸡 *Vanellus vanellus**		√	W	W	DD	G	H,III	NT		
21	剑鸻 *Charadrius hiaticula**		√	W	P	DD,ZJ	B, G	H,III	LC		

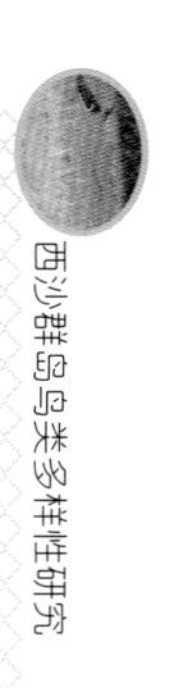

	物种 Species	资料来源 Species recording 参考文献 Reference	 实地考察 Investigation	居留型 Status	区系 Fauna	分布 Distribution	生境 Habitat	保护类型 Protection type	IUCN	CITES	CRLB
22	金眶鸻 *Charadrius dubius*	√	√	W	W	CH	B, W	H，III	LC		
23	东方鸻 *Charadrius veredus*	√	√	V	P	DD	B, W	H，III	LC		
24	金鸻 *Pluvialis fulva*	√	√	W	P	YX, DD, ZJ, SH	B, W	H, III	LC		
25	灰鸻 *Pluvialis squatarola*	√	√	W	P	DD	B, W	H, III	LC		
26	环颈鸻 *Charadrius alexandrinus*	√	√	R	W	DD	B, W, G	H, III	LC		
27	蒙古沙鸻 *Charadrius mongolus*	√		P	P			H, III	LC		
28	铁嘴沙鸻 *Charadrius leschenaultii*	√	√	W	P	YX, DD, CH, YY	W	H, III	LC		
	10. 鹬科 Scolopacidae										
29	丘鹬 *Scolopax rusticola*	√	√	W	P	DD	G	H, III	LC		
30	扇尾沙锥 *Gallinago gallinago**		√	W	P	DD	W	H, III	LC		
31	斑尾塍鹬 *Limosa lapponica*	√		P	P			H, III	NT		NT
32	中杓鹬 *Numenius phaeopus*	√	√	W	P	YX, DD, CH, GH, ZS, JQ, QF, LY	G, B, W	H, III	LC		
33	鹤鹬 *Tringa erythropus**		√	W	P	YX	W	H, III	LC		
34	红脚鹬 *Tringa totanus*	√		W	P			H, III	LC		
35	泽鹬 *Tringa stagnatilis**		√	W	P	DD	W	H, III	LC		
36	青脚鹬 *Tringa nebularia*	√	√	W	P	DD	W	H, III	LC		
37	白腰草鹬 *Tringa ochropus*	√		W	P			H, III	LC		
38	林鹬 *Tringa glareola*	√		W	P			H, III	LC		
39	灰尾漂鹬 *Tringa brevipes*	√	√	W	P	YX, DD, ZJ, JY, GQ, JQ, LY	B, G	H, III	NT		
40	翘嘴鹬 *Xenus cinereus**		√	P	P	YX	B	H, III	LC		

	物种 Species	资料来源 Species recording		居留型 Status	区系 Fauna	分布 Distribution	生境 Habitat	保护类型 Protection status	IUCN	CITES	CRLB
		参考文献 Reference	实地考察 Investigation								
41	矶鹬 *Actitis hypoleucos*	√	√	W	P	YX, DD, ZJ, JY, CH, JQ, LY, YY	B, G, W	H, III	LC		
42	翻石鹬 *Arenaria interpres*	√	√	W	P	YX, DD, CH, SH, LY, YY, YG	B, G	II, H	LC		
43	三趾滨鹬 *Calidris alba*	√		P	P			H, III	LC		
44	红颈滨鹬 *Calidris ruficollis*	√		W	P			H, III	NT		
45	长趾滨鹬 *Calidris subminuta**		√	W	P	DD	B	H, III	LC		
46	弯嘴滨鹬 *Calidris ferruginea*	√		W	P			H, III	NT		
	11 . 燕鸻科 Glareolidae										
47	普通燕鸻 *Glareola maldivarum*	√	√	P	W	YX, DD	G	H, III	LC		
	12. 鸥科 Laridae										
48	白顶玄燕鸥 *Anous stolidus*	√		S	W			H, III	LC		
49	鸥嘴噪鸥 *Gelochelidon nilotica**		√	P	W	DD	B	H, III	LC		
50	大凤头燕鸥 *Thalasseus bergii*	√		S	W			II, H	LC		NT
51	中华凤头燕鸥 Thalasseus bernsteini	√		W	O			I, H	CR		CR
52	乌燕鸥 Onychoprion fuscatus	√		W	W			H, III	LC		
53	粉红燕鸥 *Sterna dougallii*	√		R	W			H, III	LC		
54	黑枕燕鸥 *Sterna sumatrana*	√		R	O			H, III	LC		
55	灰翅浮鸥 *Chlidonias hybrida*	√	√	W	W	YX, ZJ	B, W	H, III	LC		
	八 、鹳形目 **Ciconiiformes**										
	13. 鹳科 Ciconiidae										
56	东方白鹳 *Ciconia boyciana*	√		W	P			I	EN	I	EN

	物种 Species	资料来源 Species recording		居留型 Status	区系 Fauna	分布 Distribution	生境 Habitat	保护类型 Protection status	IUCN	CITES	CRLB
		参考文献 Reference	实地考察 Investigation								
	九、鲣鸟目 **Suliformes**										
	14. 鲣鸟科 Sulidae										
57	红脚鲣鸟 *Sula sula*	√	√	S	W	YX, DD	F, G	II	LC		NT
58	褐鲣鸟 *Sula leucogaster*	√		S	W			II	LC		LC
	15. 军舰鸟科 Fregatidae										
59	白斑军舰鸟 *Fregata ariel*	√	√	S	W	DD	F	II	LC		DD
60	黑腹军舰鸟 *Fregata minor*	√	√	S	W	DD	F	II	LC		LC
	十、鹈形目 **Pelecaniformes**										
	16. 鹭科 Ardeidae										
61	黄斑苇鳽 *Ixobrychus sinensis*	√		R	O			H, III	LC		LC
62	栗苇鳽 *Ixobrychus cinnamomeus**		√	R	W	DD	S	H, III	LC		LC
63	夜鹭 *Nycticorax nycticorax*	√	√	R	W	DD, CH	W	H, III	LC		LC
64	绿鹭 *Butorides striata*	√	√	R	W	ZJ	W	H, III	LC		LC
65	池鹭 *Ardeola bacchus*	√	√	R	O	DD, LY	W	H, III	LC		LC
66	牛背鹭 *Bubulcus ibis*	√	√	R	O	YX, DD, ZJ, JY, CH, SH, JQ, YG	W, G, F	H, III	LC		LC
67	苍鹭 *Ardea cinerea*	√	√	W	W	YX, DD, GQ, ZS	B, G	H, III	LC		LC
68	草鹭 *Ardea purpurea**		√	W	W	DD	W	H, III	LC		LC
69	大白鹭 *Ardea alba*	√	√	R	W	DD	B, W	H, III	LC		LC
70	中白鹭 *Ardea intermedia*	√	√	W	W	YX, DD, ZJ, JY, CH, SH, ZS, LY	B, W, F	H, III	LC		LC
71	白鹭 *Egretta garzetta*	√	√	R	W	YX, DD, ZJ, GQ, JQ, LY	B, W, F	H, III	LC		LC

	物种 Species	资料来源 Species recording		居留型 Status	区系 Fauna	分布 Distribution	生境 Habitat	保护类型 Protection status	IUCN	CITES	CRLB
		参考文献 Reference	实地考察 Investigation								
							F				
72	岩鹭 *Egretta sacra*	√		R	W			II, H	LC		LC
	十一、鹰形目 **Accipitriformes**										
	17. 鹗科 **Pandionidae**										
73	鹗 *Pandion haliaetus**		√	R	W	YX, DD, JQ	B	II	LC	II	NT
	18 . 鹰科 **Accipitridae**										
74	白腹鹞 *Circus spilonotus*	√		W	W			II	LC	II	NT
75	普通鵟 *Buteo japonicus*	√		W	P			II	LC	II	LC
	十二、鸮形目 **Strigiformes**										
	19 . 鸱鸮科 **Strigidae**										
76	鹰鸮 *Ninox scutulata**		√	R	W	DD	F	II	LC	II	NT
	十三、犀鸟目 **Bucerotiformes**										
	20 . 戴胜科 **Upupidae**										
77	戴胜 *Uppa epops*	√		R	W			III	LC		LC
	十四、佛法僧目 **Coraciiformes**										
	21. 翠鸟科 **Alcedinidae**										
78	普通翠鸟 *Alcedo atthis*	√	√	R	W	YX, DD, ZJ, CH, GQ, JQ	B, W	III	LC		LC
	22 . 佛法僧科 **Coraciidae**										
79	三宝鸟 *Eurystomus orientalis*	√		W	O			III	LC		LC
	十五、隼形目 **Falconiformes**										

	物种 Species	资料来源 Species recording		居留型 Status	区系 Fauna	分布 Distribution	生境 Habitat	保护类型 Protection status	IUCN	CITES	CRLB
		参考文献 Reference	实地考察 Investigation								
	23. 隼科 **Falconidae**										
80	红隼 *Falco tinnunculus*	√	√	R	W	DD	F	II	LC		LC
	十六、 雀形目 **Passeriformes**										
	24. 卷尾科 **Dicruridae**										
81	黑卷尾 *Dicrurus macrocercus**		√	R	O	DD	F	III	LC		LC
82	发冠卷尾 *Dicrurus hottentottus**		√	S	O	YX	F	III	LC		LC
	25. 伯劳科 **Laniidae**										
83	虎纹伯劳 *Lanius tigrinus*★		√	W	P	DD, JQ	F	III	LC		LC
84	红尾伯劳 *Lanius cristatus*	√	√	W	P	JY, CH, SH, GQ, JQ, YG	S	III	LC		LC
85	棕背伯劳 *Lanius schach**		√	R	W	YX, DD	S	III	LC		LC
	26 . 燕科 **Hirundinidae**										
86	家燕 *Hirundo rustica*	√	√	W	W	YX, DD, ZJ, JY, CH, SH, ZS, JQ	G, B, S	III	LC		LC
87	金腰燕 *Cecropis daurica**		√	P	W	DD	G	III	LC		LC
	27. 树莺科 **Cettiidae**										
88	短翅树莺 *Horornis diphone*	√		W	P				LC		LC
	28 . 柳莺科 **Phylloscopidae**										
89	极北柳莺 *Phylloscopus borealis*		√	W	P	GQ	F, S	III	LC		LC
	29 . 绣眼鸟科 **Zosteropidae**										
90	暗绿绣眼鸟 *Zosterops japonicus*	√	√	R	P	YX, DD, SH, GQ, JQ, YG	F, S	III	LC		LC
	30 . 椋鸟科 **Sturnidae**										

	物种 Species	资料来源 Species recording		居留型 Status	区系 Fauna	分布 Distribution	生境 Habitat	保护类型 Protection status	IUCN	CITES	CRLB
		参考文献 Reference	实地考察 Investigation								
91	丝光椋鸟 *Spodiopsar sericeus**		√	W	O	YX	F	H, III	LC		LC
92	紫翅椋鸟 *Sturnus vulgaris**		√	V	W	YX, DD	S	III	LC		LC
	31. 鸫科 **Turdidae**										
93	白眉鸫 *Turdus obscurus**		√	P	W	YX	F	H	LC		LC
94	白腹鸫 *Turdus pallidus*	√		W	P			H, III	LC		LC
95	斑鸫 *Turdus eunomus*	√		W	P			H, III	LC		LC
	32. 鹟科 **Muscicapidae**										
96	红喉歌鸲 *Calliope calliope*	√		W	P			II	LC		LC
97	北红尾鸲 *Phoenicurus auroreus*★		√	W	W	YX, DD	S	III	LC		LC
98	黑喉石䳭 *Saxicola maurus*	√	√	W	W	DD	S	III	LC		LC
99	蓝矶鸫 *Monticola solitarius*	√	√	W	W	YX, DD, ZJ, GQ, JQ, LY, YY	S, F	H	LC		LC
100	栗腹矶鸫 *Monticola rufiventris*	√		P	O			H	LC		LC
101	北灰鹟 *Muscicapa dauurica*★		√	W	W	ZJ, JY, ZS	S	III	LC		LC
	33. 雀科 **Passeridae**										
102	麻雀 *Passer montanus**		√	R	W	YX	G, S	III	LC		LC
103	山麻雀 *Passer cinnamomeus**		√	R	O	YY	G, S	III	LC		LC
	34. 鹡鸰科 **Motacillidae**										
104	黄鹡鸰 *Motacilla tschutschensis*	√	√	W	W	YX, DD	G, S	III	LC		LC
105	灰鹡鸰 *Motacilla cinerea*	√	√	R	W	YX, DD, ZJ, JY, CH, SH, GQ, ZS, JQ, LY, YY, YG	G, S	III	LC		LC
106	白鹡鸰 *Motacilla alba*	√	√	R	W	YX, DD	G, W, B	III	LC		LC

	物种 Species	资料来源 Species recording 参考文献 Reference	实地考察 Investigation	居留型 Status	区系 Fauna	分布 Distribution	生境 Habitat	保护类型 Protection status	IUCN	CITES	CRLB
107	田鹨 *Anthus richardi*	√	√	P	O	DD, ZJ, JY, ZS, JQ	G, S	Ⅲ	LC		LC
108	树鹨 *Anthus hodgsoni*	√		W	P			Ⅲ	LC		LC
109	红喉鹨 *Anthus cervinus*	√		W	P			Ⅲ	LC		LC
110	山鹡鸰 *Dendronanthus indicus**		√	W	W	YX	S	Ⅲ	LC		LC
	35 . 鹀科 Emberizidae										
111	小鹀 *Emberiza pusilla**		√	W	P	JQ	F, S	Ⅲ	LC		LC

居留型：R：留鸟，Resident；S：夏候鸟，Summer migrant；W：冬候鸟，Winter migrant；P：旅鸟，Passage migrant；V：迷鸟，Vagrant birds。

区系：O：东洋界，Oriental species；P：古北界，Palaearctic species；W：广布种，Widespread species。

分布：YX：永兴岛，Yongxing Island；DD：东岛，Dongcao Island；ZJ：中建岛，Zhongjian Island；JY：金银岛，Jinyin Island；CH：琛航岛和广金岛，Chenhang Island and Guangjing Island；SH：珊瑚岛，Shanhu Island；GQ：甘泉岛，Ganquan Island；ZS：赵述岛，Zhaoshu Island；JQ：晋卿岛，Jinqing Island；QF：全富岛，Quanfu Island；LY：羚羊礁，Lingyang Jiao ；YY：银屿，Yinyu Island；YG：鸭公岛，Yagong Island。栖息生境：F：森林，Forest；G：草地，Grassland；S：灌丛，Shrub；B：沙滩，Beach；W：湿地，Wetland。

保护类型：Ⅰ：国家一级保护动物，Grade Ⅰ key state-protected species；Ⅱ：国家二级保护动物，Grade Ⅱ key state-protected species；H：海南省省级重点保护陆生野生动物，Key protected species in Hainan；Ⅲ：国家保护的有重要生态、科学、社会价值的陆生野生动物，List of terrestrial wildlife under state protection that have important ecological, scientifc and social values。

IUCN：2018 年世界自然保护联盟濒危物种红色名录，International Union for Conservation of Nature：LC：无危，Least Concern；NT：近危，Near Threatened；VU：易危，Vulnerable；EN：濒危，Endangered；CR：极危，Critically Endangered；NE：未评估，Not Evaluated; DD: 数据缺乏 , Date Deficient。

CITES：濒危野生动植物种国际贸易公约附录，Convention on international trade in endangered species of Wild Fauna and Flora。Ⅰ：附录Ⅰ；Ⅱ：附录Ⅱ。

CRLB：《中国生物多样性红色名录》，China's Red List of Biodiversity，CR：极危，Critically Endangered；EN：濒危，Endangered；NT：近危，Near Threatened；LC：无危，Least Concern；DD：数据缺乏 , Date Deficient。

*：无文献记录。

参考文献

贝天祥，唐兆铭，1959. 西沙群岛之永兴岛的鸟肥资源初步访查 [J]. 动物学杂志，(7): 317–319.

蔡洪月，刘楠，温美红，等，2020 . 西沙群岛银毛树 (*Tournefortia argentea*) 的生态生物学特性 [J]. 广西植物，40(03):375–383.

曹垒，2005. 西沙群岛红脚鲣鸟种群生态 [D]. 兰州：兰州大学博士学位论文 .

陈史坚，1982. 南沙群岛的自然概况 [J]. 海洋通报，(01):56–62.

高荣华，1993. 我国位置最南的自然保护区——西沙东岛白鲣鸟保护区 [J]. 野生动物，(04):46.

广东省植物研究所西沙群岛植物调查队编著，1977. 我国西沙群岛的植物和植被 [M]. 北京：科学出版社 .

黄静，刘楠，任海，等，2019. 海刀豆的抗逆生理生化特征分析 [J]. 热带亚热带植物学报，27(02):157–163.

李映灿，2021. 西沙群岛鸟类与小型兽类多样性及生态功能研究 [D]. 武汉：华中师范大学硕士学位论文 .

林熙，陈小丽，王峰，1999. 海南省海岛气候调查研究报告 [M] // 陆夫才，熊仕林，刘胜利 . 海南省海岛资源综合调查研究专业报告集 . 北京 : 海洋出版社，24–35.

刘景先，王子玉，1975. 我国西沙群岛的红脚鲣鸟 [J]. 动物学杂志，(3):42–50.

潘华璋，1998. 西沙群岛软体动物 [J]. 古生物学报，37(1): 121–132.

潘永良，2005. 西沙群岛鸟类群落结构及物种数—面积关系的研究 [D]. 兰州：兰州大学硕士学位论文 .

任海，简曙光，张倩媚，等，2017. 中国南海诸岛的植物和植被现状 [J]. 生态环境学报 , 26(10): 1639–1648.

孙立广，赵三平，刘晓东，等，2005 . 西沙群岛生态环境报告 [J]. 自然杂志 , 27(002):79–84.

汤章城，1984. 逆境条件下植物脯氨酸的累积及其可能的意义 [J]. 植物生理学通讯，(1):17–23.

童毅，简曙光，陈权，等，2013. 中国西沙群岛植物多样性 [J]. 生物多样性，21(3):364–374.

王清隆，汤欢，王祝年，2019. 西沙群岛植物资源多样性调查与评价 [J]. 热带农业科学，39(08):40–52.

王馨慧，刘楠，任海，等，2017. 抗风桐 (*Pisonia grandis*) 的生态生物学特征 [J]. 广西植物，37(12):1489–1497.

王雪辉，杜飞雁，林昭进，等，2011. 西沙群岛主要岛礁鱼类物种多样性及其群落格局 [J]. 生物多样性，19 (4): 463–469

王琰，马雅军，杨振洲，等，2014. 我国西沙群岛鼠形动物和吸血昆虫的鉴定并首次记述按蚊和蠓 [J]. 第二军医大学学报 35(6):581–585.

吴钟解，王道儒，李元超，等，2010. 西沙监控区浮游植物生态现状 [J]. 热带作物学报 , 31(6): 1020–1025.

徐贝贝，刘楠，任海，等，2018. 西沙群岛草海桐的抗逆生物学特性 [J]. 广西植物，38(10):1277–1285.

约翰・马敬能，卡伦・菲力普斯，何芬奇，2000. 中国鸟类野外手册 [M]. 卢何芬，译 . 长沙 : 湖南教育出版社 .

张荣祖，2011. 中国动物地理 [M]. 北京 : 科学出版社 .

章士美，林毓鉴，梁广勤，等，1985. 西沙群岛农业虫考察初志 . 江西植保，2，25–27.

郑光美，2017. 中国鸟类分类与分布名录 (第三版)[M]. 北京 : 科学出版社 .

中国科学院北京动物研究所，等，1974. 我国南海诸岛的动物调查报告 [J]. 动物学报，(02):7−24.

中国科学院南京土壤研究所考察组，1976. 南海诸岛的土壤和鸟粪磷矿 [J]. 土壤，(03):125−131+124.

中国科学院中国植物志编委会，1989. 中国植物志 [M]. 北京：科学出版社.

Arrhenius O.， 1920. Distribution of the species over the area[J]. Meddelanden fran K. Vetenskapsakademiens Nobelinstitut, 4:1-6.

Ayers C R, Hanson-Dorr K C, O'Dell S, et al.， 2015. Impacts of colonial waterbirds on vegetation and potential restoration of island habitats[J]. Restoration Ecology, 23(3):252-260.

Barbier E B, Hacker S D, Kennedy C, et al.， 2011.The value of estuarine and coastal ecosystem services[J]. Ecological Monographs, 81(2):169-193.

Bellingeri M, Vincenzi S.， 2013. Robustness of empirical food webs with varying consumer's sensitivities to loss of resources[J]. Journal of Theoretical Biology, 333(2):18-26.

Bersier L F, Banasék-Richter C, Cattin M F.， 2002. Quantitative descriptors of food-web matrices[J]. Ecology, 83(9):2394-2407.

Boere G C, Stroud D A.， 2006. The flyway concept: what it is and what it isn't[M]. In: Boere G C, Galbraith C A, Stroud D A. Waterbirds Around the World. Edinburgh: The Stationery Office, 40–47.

Chamorro S, Heleno R, Olesen J M,et al.， 2012. Pollination patterns and plant breeding systems in the Galapagos: a review. Annals of Botany, 110(7):1489-1501.

Decandolle A.， 1855. Géographie botanique raisonnée; ou, Exposition des faits principaux et des lois concernant la distribution géographique des plantes de l'epoque actuelle[M]. Paris: Maisson.

Dunne J A, Williams R J, Martinez N D.， 2002. Network structure and biodiversity loss in food webs: robustness increases with connectance[J]. Ecology Letters, 5(4):558-567.

Dunne J A, Williams R J, Martinez N D.， 2004. Network structure and robustness of marine food webs[J]. Marine Ecology Progress Series, 273:291-302.

Falcón W, Moll D, Hansen D M.， 2019. Frugivory and seed dispersal by chelonians: a review and synthesis[J]. Biological Reviews of the Cambridge Philosophical Society, 95(1):142-166.

Häkkilä M, Abrego N, Ovaskainen O, et al.， 2018. Habitat quality is more important than matrix quality for bird communities in protected areas[J]. Ecology and evolution, 8(8): 4019-4030.

Hervías-Parejo S, Nogales M, Guzmán B,et al.， 2020. Potential role of lava lizards as pollinators across the Galápagos Islands[J]. Integrative Zoology, 15(2):144-148.

Lande R.， 1993. Risks of population extinction from demographic and environmental stochasticity and random catastrophes[J]. The American Naturalist, 142(6):911-927.

Li Y, Chen Z, Peng C,et al.， 2021. Assessment of habitat change on bird diversity and bird–habitat network of a Coral Island, South China Sea[J]. BMC Ecology and Evolution, 21: 137.

Macarthur R H, Wilson E O.， 1967. The theory of island biogeography[M]. New Jersey: Princeton University Press.

Preston F W.， 1962. The canonical distribution of commonness and rarity: Part I[J]. Ecology, 43(2):185-215.

R Core Team.， 2017. R: a language and environment for statistical computing 3.4.0[CP]. R Foundation for Statistical Computing, Vienna, Austria, [2020-12-05]. http://www.r-project.org/.

Rehm E, Fricke E, Bender J, et al.， 2019. Animal movement drives variation in seed dispersal distance in a plant-animal network[J]. Proceedings of the Royal Society B-Biological Sciences, 286(1894):1-8.

Richards D R, Friess D A.， 2015. Rates and drivers of mangrove deforestation in Southeast Asia, 2000–2012[J]. Proceedings of the National Academy of Sciences of the United States of American, 113(2):344-349.

Rosenzweig M., 1995. Species diversity in space and time[M]. Cambridge: Cambridge University Press.

Shipley B, Vu T T., 2010. Dry matter content as a measure of dry matter concentration in plants and their parts[J]. New Phytologist, 153(2):359-364.

Solé R V, Montoya J M., 2001. Complexity and fragility in ecological networks[J]. Proceedings of the Royal Social B-Biological Science, 268(1480):2039-2045.

Staniczenko P P, Lewis O T, Jones N S, et al., 2010. Structural dynamics and robustness of food webs[J]. Ecology Letters, 13(7):891-899.

Treitler J T, Drissen T, Stadtmann R, et al., 2017. Complementing endozoochorous seed dispersal patterns by donkeys and goats in a semi-natural island ecosystem[J]. BMC Ecology, 17(1):42.

Whittaker R J, Fernández-Palacios J M., 2007. Island biogeography: ecology, evolution, and conservation, 2nd ed[M]. Oxford: Oxford University Press.

Wilson SD, Belcher JW., 1989. Plant and bird communities of native prairie and introduced Eurasian vegetation in Manitoba, Canada[J]. Conservation Biology3(1): 39-44.

Young H S, McCauley D J, Dirzo R., 2011. Differential responses to guano fertilization among tropical tree species with varying functional traits[J]. American Journal of Botany, 98(2):207-214.

Zedler J B, Kercher S., 2005. Wetland resources: status, trends, ecosystem services, and restorability[J]. Annual Review of Environment and Resources, 30(1):39-74.